学びのフィールドとしての
美しい地域づくり・里づくり

麻生　恵

はじめに

　私・麻生恵は2017年3月末をもって東京農業大学地域環境科学部造園科学科を定年退職することになりました。本書は、退職にあたって私の研究室（通称「風景研」）で学び育った卒業生たちが、その学びの楽しかった歴史や多彩な成果を整理し後世に伝えようと、一緒に企画し、執筆・編集・刊行したものです。

　内容は、大きく2つに分けることができます。

　その一つは、1976（昭和51）年に助手として大学に残って以来41年間にわたって辿ってきた私（麻生）の教育・研究活動の歩みについてです。多岐にわたる活動を俯瞰しチャートに整理しました。そして最初に「美しい地域づくり・里づくり」という大きな活動テーマに影響を与えた私の生い立ちや青少年時代の活動、さらには学外での地域活動など様々な取り組みを紹介し、最終的に「風景研スタイル」ともいうべき地域連携型の教育・研究方法に至った過程やその内容について述べました。

　もう一つは、卒業生達が学生時代の研究室活動や卒論・修論などで関わった主な地域をとりあげ、それぞれ学生時代に取り組んだプロジェクトやその後の展開について卒業生の立場からやや詳細に述べてもらいました。どのように地域と関わりながら学び研究すべきかというノウハウも読み取れるものとなっています。

　美しい地域づくり・里づくりを夢見て41年間、いろんな地域に関わりながら教育研究を続けてきましたが、今日振り返ってみるとそれは「地域連携型教育」を行っていたということに気付きました。

　21世紀の成熟社会が進み地域の再生・復興が求められる今日、地域のリーダーや担い手となる人材養成が大学教育の大きなテーマとなってきました。「地域の環境を如何に理解させるか」「地域づくりの方法を如何に教えるか」「そこで研究をどう展開すべきか」等々は大学人に求められる重要なスキルとなりつつあります。

　本書がこれから地域づくりに携わる様々な立場の方々に対して少しでも役立つものになることを願っています。

　最後に、私の教育・研究活動に対してご指導を賜った先輩の先生方、活動フィールドを提供してくださった地域の方々、研究プロジェクトや実習演習を直接サポートしてくださった方々（特に松本清氏、木村悦之氏、一場博幸氏ほか）、そして本書の執筆・編集に尽力してくれた卒業生の皆さんには心より御礼申し上げる次第です。

2017年1月

麻生　　恵

目　　次

はじめに

目　　次

第1章　教育・研究の歩み

1　私の教育・研究の歩み …………………………………………………………………… 2

2　風景地建築の色彩景観調和技術に関する研究（学位論文要旨） ……………………… 22

3　モデルスコープシステムの開発と造園模型シミュレーション ………………………… 30

第2章　各地域での取り組み

1　自然風景地・国立公園での取り組み

 1−1　高山植生の復元技術の開発―新潟県巻機山の雪田草原復元を事例として― ……… 36

 1−2　尾瀬ケ原適正収容力に関する研究―大勢の入山者が押し寄せる尾瀬を解決せよ― ……… 44

 1−3　朝霧高原の地域づくり …………………………………………………………… 52

 1−4　阿蘇地域の草原保全・再生にむけた研究教育活動 …………………………… 58

2　文化的景観についての取り組み

 2−1　「地域らしさ」への眼差し―地域のみかたとしての文化的景観― ……………… 64

 2−2　八丈島大里地区の玉石垣集落の調査 …………………………………………… 70

 2−3　輪島市大沢・上大沢地区の間垣集落の調査 …………………………………… 76

3　農村地域での取り組み

 3−1　輪島市三井町の農村景観の保全に向けた地域連携 …………………………… 80

 3−2　農村地域における景観の変遷に関する研究―群馬県川場村を事例として― ……… 86

 3−3　姨捨棚田における農村型ワークショップの効果に関する研究 ……………… 92

4　都市近郊里山での取り組み

 4−1　多摩丘陵フットパスづくりと里山景観保全の取り組み ……………………… 98

 4−2　町田市における緑に関わる活動について …………………………………… 104

 4−3　平塚市吉沢地区「産官学民」協働の里地里山の地域づくりと吉沢八景 ……… 110

5　世界での取り組み

 5−1　世界最高峰の環境調査最前線―エベレスト・ローツェ環境登山隊の活動から― ……… 116

編集後記、著者一覧 …………………………………………………………………………… 125

第1章
教育・研究の歩み

子どもの頃のお気に入りの風景（旧・国立佐賀療養所から見た石谷山）

1．私の教育・研究の歩み

東京農業大学教授
麻生　恵

1－1　教育・研究活動の流れ
（1）結核療養所の雑木林で育つ

　私は、佐賀県三養基郡旧中原村（佐賀県みやき町）にある国立佐賀療養所（現在の独立行政法人国立病院機構東佐賀病院）の官舎（職員宿舎）で1951（昭和26）年に生まれた。母が結核治療を専門とする内科医、父は同じ療養所の歯科医として勤務していた。

　戦前に開設された結核療養所での治療は、樹林のきれいな空気を病室に取り込み、そこで安静と十分な栄養を摂って治すというもの（大気安静療法）であった。したがって、私の生まれ育った療養所も広大な雑木林（アカマツ林、アラカシやクスノキなどの常緑広葉樹林）の中に平屋の病棟が建てられていた（**写真1、2**）。

　またある程度快復した患者が社会復帰するために軽い作業をしながら過ごす「外気舎」というコテージが森の中に設けられていた。その一角にあった私の家（職員官舎）も入り口にクロマツやアカマツの大木があり、宿舎の裏に庭や畑があり、その奥が雑木林に続いていた。

　祖母や叔母が同居し、畑で様々な作物（イチゴ、エンドウ、キュウリ、インゲンマメ、カボチャ、ナス、スイカ、ハヤトウリ、フジマメ、サトイモ、ラッキョウなど）を育てていたので、幼少の頃からそれを手伝った。また父は園芸好きで、庭でバラや様々な品種の果樹を種苗会社から取り寄せて育てていた。小学生になる頃には、子ども達に小さな畑を与えてくれたので、好きな作物を植えたり、裏の雑木林からヤブツバキなどの苗を移植して観察したりしていた。ミツバアケビを移植し、数年後に結実して収穫を楽しみにしていた矢先、近所の悪ガキのグループにごっそり盗まれたのはショックだった。

　裏の雑木林からは風呂や炊飯用の薪、焚き付け用の松葉なども採っていたが、そこは格好の遊び場でもあった。特に冬場は季節風が遮られ暖かいので、「すみか」という隠れ家を造ったり、ツグミなどの野鳥を捕る罠を仕掛けたりして、地区の子ども達みんなで遊んでいた。父親が植物の名前を教えてくれたり植物図鑑を与えてくれたこともあり、私たち兄弟は植物への関心が高まり、小学校高学年になる頃には身の回りにどのような植物があるか、ほぼ把握できるようになった。

　小学4年生になった5月の連休に、10歳年上の従兄弟が村の北側の県境に位置する石谷山（754m）とその先の九千部山（848m）に弟と2人を連れて行ってくれた。通学の途中、いつも正面に聳えていて、いつか登ってみたいと憧れていた山である。中腹の谷間にはエビネやキエビネの群落、石谷山の頂上近くにはギンリョウソウが生え、そして石谷山から九千部山に続く尾根は明るい落葉広葉樹林となっていて、所々に赤紫色のミツバツツジの花が新緑の間に透けて見え、場所によっては花びらが登山道に散り敷いていた。下界の慣れ親しんだ常緑樹の森の景観との違いに大きなショックと感銘を受けた。翌年の5月にも父親に頼んで同じ山に登り、この時はエビネを始め沢山の植物を持ち帰って家の周りに植えた。エビネは見事に活着して、毎年花を咲かせた。これを契機に登山と山野草への関心は益々広がり[1]、中学・高校時代は弟と二人で植物採集を兼ねた登山に出かけ、中学時代に引っ越した久留米市の新居の庭に山の樹木や山野草

写真1　雑木林の中の国立佐賀療養所（1958年）

写真2　21.3ヘクタールもの敷地があった1958年当時の国立佐賀療養所（目達原自衛隊撮影）

写真3　敷地が売却されて9.3ヘクタールになった2015年の東佐賀病院（グーグルアースより）

を沢山植えた（数十年を経た現在、それらが大きく繁茂して、夏場は蝉の大合唱、ヤブ蚊の発生源となり近所迷惑となっているが、地域の生物多様性確保には大きく寄与していると考える）。

（2）大きく失われた結核療養所のみどり

このように様々な自然体験を提供してくれた結核療養所の環境も抗生物質（ストレプトマイシン）など化学療法が普及したことからみどりの必要性が薄れ、病棟の建て替え（鉄筋化）などに伴って、広大な樹林地を伴う敷地は地元自治体などに段階的に払い下げられ、現在では崖線部分などにわずかに樹林が残るだけになってしまった（**写真3**）。

国立佐賀療養所の歴史を調べると、日中戦争の最中、戦地で結核を患う兵士が増え、傷病軍人療養所の設置が求められた。佐賀県下では唐津と中原が候補地となり、担当官により調査が行われたが、その審議中の1938（昭和13）年8月、誘致のための陳情書が厚生大臣と傷兵保護院陸軍大将ほかに提出されている（中原町史下巻、1982）[2]。その陳情理由には「一．地勢、気候」について次のように記されている。

「同所ハ（一部略）筑紫平野ノ中央部ニ当ル平坦部総面積四万五千坪以上ノ地域広大ナル松林地帯ニシテ、東ハ流域婉々三十里ノ筑後川ヲ挟ミテ第十二師団ノ所在地タル久留米ニ近ク尚高良山嶺ヲ起点トスル水縄山脈ノ連ナリアリ、西ハ遠ク雲峰ニ麗姿聳立スル多良山脈ヲ望ミ、北ハ史実ニ富メル霊峰背振山脈並九千部山脈魏峨トシテ雲頂ニ威容ヲ整ヘテ玄海ノ潮風ヲ蒙リ、南ハ不知火ノ神秘ヲ包ム有明海ヲ隔テ、国立公園雲仙嶽ノ雄姿指呼ノ間ニ見ヘ、近クハ寒水川ノ清流東劃ニ沿ヒテ南北ニ縦貫スルアリ、附近ニハ（一部略）雑然タル工場会社等更ニ無之四季松頼ノ声穏ヤカニ風致ニ富ミ気候穏和寒暑ノ変化少々水質豊富清適ニシテ空気清浄、自然ノ大気自ラ発スルノ趣ヲ有シ保健衛生上即チ保養地トシテ最好ノ快適地タルヲ疑ハサル所に有之候」（対象地は45,000坪以上の広大な松林地帯で、東に大きくうねった筑後川を挟んで第十二師団のある久留米市に近い高良山を起点とする水縄山脈の連なりがあり、西は遠く雲間に聳える多良山脈を望み、北は歴史性豊かな霊峰背振山地と九千部山脈が我我として雲頂に威容を整えて玄海灘からの潮風を受け、南は有明海を隔てて雲仙岳を近くに望む。近くは寒水川が対象地の東側を南北に流れ、付近には雑然とした工場や会社が無く、四季を通じて松風が穏やかに吹き渡り、風致に富み気候が温和で寒暖の差が小さく水質・空気ともに清浄で、自然の大気が生まれているような印象があり、保健衛生上、また保養地として最適の地であることは疑う余地がない）

また、別の陳情書では、①唐津市附近一帯は風光明媚の地で夏季最好の遊覧地であるが、秋冬季は玄海の怒涛逆風吹き荒れ気候激変甚だしくて病患者の保養には適さないこと、②唐津市附近は国県の名勝史蹟保存域であると同時に虹の松原の如きは砂防林として国の保有林に属しているから療養所建設上幾多の支障があるだろうと述べている。療養所の建設地は1938（昭和13）年9月3日

1）麻生　恵（1996）：山の眺めと原風景、原風景の研究（東京農大庭園学・造園学原論研究室編）、東京農業大学出版会、53-57.
2）中原町史編纂委員会（1982）：中原町史下巻、中原町、107-113.

に中原村に決定し、翌月10月より建設が開始され、近隣市町村や学徒の労働奉仕を含めて突貫作業で建設が進められた結果、1939（昭和14）年6月12日に開設されている。

　ここで驚かされるのは、この陳情書の作成者の景観や環境に対する認識である。筑紫平野北西部（背振山地南麓）に位置する対象地の状況を、筑紫平野を囲む大きな地形の構造（遠景、大スケールのランドスケープ）から捉えて豊かな風景表現によって語り、地区レベル・敷地レベルに及んでその環境要素が豊かで如何に保健休養地として優れているかを語っている。また、病気の治療には景観を含めた「総合的な立地環境」が重要であるという認識が色濃く現れている。

　ところが結核の特効薬が開発・普及し、それで病気が完治するようになると、総合的な環境の価値というものが忘れられ、それが後の樹林地や敷地の売却につながっていった[3]。全国の結核療養所のほとんどが同じような運命を辿ったと考えられる。一方で結核療養所の総本山である東京都清瀬療養所（現在の国立病院機構東京病院）一帯や東村山市の保生園病院（現在の新山手病院）一帯はまだかなりの雑木林が残され、保存緑地などとして活用されていると聞いている[4]。また社会的な偏見の強かったハンセン病の療養所はほとんどが今日まで存続し、患者が居なくなっても跡地を公園緑地として保存する動きが出ている。

　機会があったら、こうしたサナトリウムのみどりの経緯を調べてみたい。

（3）学生の同好会活動で地域を対象とした研究に関わる

　高校時代も山のこと、自然のことばかりしか頭になかった私は当然のごとく浪人し、国立公園の管理員（レンジャー）になるべく、1972（昭和47）年に造園学科のある東京農大に入学した。入学後はあこがれの中部山岳の山々に登るつもりで山の会にも入ろうと思っていたが、すぐに先輩の勧誘があり同好会（造園環境研究会）に入会した。この会は1970（昭和45）年に農大造園学科長であった江山正美教授の呼びかけのもと「自然保護＝環境保護」を提唱して行った緑の旗のデモ行進（第2回目）に参加した学生メンバーが「環境問題研究会」と称して立ち上げた同好会で、緑のデモ活動から造園に関する研究活動に梶を切ったばかりのところであった。研究室は3年次にならなければ所属できないので、この同好会は格好の活動場所となった。

　1年生の時（1972年度）は、市街地の緑被率（説明変数）とそこでの住民のみどりの満足度（目的変数）の関係を分析するのがテーマで、世田谷区内に緑量の異なる3カ所（成城、桜新町、三軒茶屋）の対象地を設定し空中写真で緑被率を計測すると共に、住民にアンケート調査を実施してみどりへの満足度や必要度を把握し、その関係を分析した。ここで得意な空中写真を判読して地図に落とす作業の面白さや、住民の皆さんに対するインタビュー調査を初めて経験した。

　2年生の時（1973年度）の研究テーマは、地域計画の手法として当時日本に紹介され話題となった「Design with Nature」（Ian.L.McHarg）のオーバーレイ手法を世田谷区に適用して、その有効性を探ろうというものであった。台地や低地などの地形分類や傾斜度などの土地条件をランキングし、それらを重ね合わせて適地を導き、実際の現場の土地利用との照合を行うというスタディであった。都市計画と立地条件との矛盾や、当時大型コンピュータの導入で注目されていたメッシュ法との違いなども理解できた。

三富新田調査

　3年次（1974年度）はいよいよ自分達の代が主導してテーマを決め、研究を進めることができる年度であった。そこで、埼玉県三芳町・所沢市・川越市にまたがる三富新田を研究対象とすることを決めた。そのきっかけは、入学直後に保証人となってくれた練馬区の叔父に挨拶に行った際、武蔵野を一周するドライブに連れて行ってくれたことによる。練馬インターチェンジから当時終点であった川越インターチェンジまで関越自動車道を走り、三富新田一帯を通ったが、そこで特に感激したのは新緑の淡い緑の広葉樹林が平坦な台地上に豊富に広がっている景観であった。生まれ育った九州北部地域では、

3）国立療養所東佐賀病院（1989）：創立五十周年記念誌.
4）田中正大（1979）：結核の町・東京都清瀬の成立とその変貌、都市公園、66号、11-18.

平地の田園はほとんどが耕作地として利用され、まとまった樹林地は傾斜のある山地にしか見られない。しかも林床がきれいに管理された明るい広葉樹林が平坦地に連続して分布し、整然と区画された畑地と一体になってヨーロッパの農村を思わせるようなロマンチックな景観が広がっていた。戻って地図で調べると、三富新田という江戸時代に開拓された武蔵野を代表する集落であることが分かった。いつかはここをしっかり調べてみたいとの想いが膨らみ、3年次の研究対象地とした次第である。この三富新田とはその後もご縁が続き、1979～80年度の埼玉県平地林調査、2013年度および2016年度の世界農業遺産申請に伴う推薦書作成などで関わることになった。

この三富新田での調査は、正にその後の私の地域連携型研究スタイルの原型となるものであった。予備調査で地域の方々とコミュニケーションをとり、夏休みの合宿を伴う本調査に向けた準備を行った。特に苦労したのは、拠点となる合宿場所を決めることで、色々探し回ってようやく天理教の教会の宿泊施設を使わせていただくことになった時には涙が出るほど嬉しかったのを覚えている。また、交通手段として使う車は実家から通う後輩学生の家の車をお借りすることにした。費用は収穫祭（大学祭）で植木を販売して数十万円を稼いだ。こうして20人近い学生を率いての調査合宿を行った。合宿期間中に地域の農家から穫れたてのジャガイモなどが差し入れられて感激したのを覚えている。

広大な平地林が残されている理由は、そこからもたらされる落ち葉堆肥を使った畑作農業が健全な状態で営まれていたためで、堆肥の供給源として敢えて樹林地を残して管理し、その結果として独特の景観が維持されていることが明らかとなった。この農法が今日まで継続され、今回の世界農業遺産登録申請につながった。しかし当時から、樹林地が倉庫や資材置き場等へ転用されたり、ゴミの不法投棄、屋敷林の伐採などの問題は起こり始めていた。

3年次（1979年）秋の収穫祭で報告発表を行った後、同好会活動は引退し、研究室活動（当時の造園計画第一研究室）に本腰を入れることになった。当時、環境庁から国立公園内の建築構造物を如何に周囲の自然景観に調和させるか、そのデザイン指針を導くための委託研究が来ていて、それを手伝うことになった。

学生を指導する進士五十八先生は、現地での観察と計測、視覚面のシミュレーション実験、計量心理学の方法を用いた評価など当時としては最新の景観研究手法を模索し、学生と一緒に専門誌や学会発表を行っていた[5]。この活動が卒業論文となり、私の博士論文へと発展していった。

5）進士五十八・麻生　恵・斎藤利弘・田沼和夫（1975）：自然風景地における建築デザインの基本に関する景観的考察（上）（下）、国立公園307、1-6、308、6-11.

1−2 研究と教育について

（1）研究室の体制

1976（昭和51）年4月から東京農業大学農学部造園学科の「造園計画第三研究室」の助手として採用されることになった。この研究室は当時の環境庁から来られた永嶋正信先生（当時助教授、自然公園の施設設計がご専門）が1974（昭和49）年からお一人で運営されていたが、この年に㈳日本観光協会から高橋進先生（嘱託教授、観光および風景計画がご専門）が着任され、私が助手に採用されてようやく3人体制となった（**写真4**）。

写真4　永嶋正信先生（左）と高橋進先生（右）（1977年頃）

永嶋正信先生（1926～2005）は厚生省国立公園部時代に江山正美先生の部下として活躍され、特にビジターセンターをはじめ自然公園施設の計画設計に尽力された方であった。また、栃木県の観光課長をされた経緯から日光国立公園の歴史研究をされていて、後に永嶋先生の学位論文となった。その関係で夏の研究室合宿は日光地域で実施することが多かった。

一方、高橋進先生（1911～2002）は戦前、熊本県庁で阿蘇国立公園の管理に携わったのち、㈳全日本観光連盟や㈳日本観光協会など観光畑で活躍された先生であった。東京高等造園学校時代から上原敬二先生の薫陶を受け、風景研究（特にクロマツ海岸林の風景）を続けるようご指導を頂いたとのことであった。また敬虔なクリスチャンであり、絵画（特に風景画）がご趣味でしばしば展覧会に出展されていた[6]。1980（昭和50）年に現在の11号館が完成し、そこに造園学科が移転するにあたって研究室名を改称することになり、「風景計画学研究室」（通称「風景研」）としたが、その背景には高橋先生の「風景」という言葉や、さらには「美しい風景づくり」への強い想いがあった。また高橋進先生は㈶観光資源保護財団（現在の公益財団法人日本ナショナルトラスト）の専門委員（1976年までは江山正美先生）をされていて、財団が受注する観光資源調査のプロジェクトを毎年農大に持ってこられた。そのお蔭で様々な観光地や風景地と関わることができた。特に新潟県巻機山の植生復元（景観保全）のプロジェクトは今日まで続く活動となった。1982（昭和57）年3月で高橋先生は定年退職されたが、それに際して高橋先生が長く指導されてきた同好会「造園観光研究会」のOBや私がお手伝いした記念出版『風景美の創造と保護』（大明堂）[7]が刊行された。

高橋進先生の後任として1982（昭和57）年に着任されたのが鈴木忠義先生（1924～）であった。鈴木先生は東京大学土木工学のご出身でありながら、農学部附属演習林の助手として林学科造園学研究室に勤務され、田村剛先生などとも一緒に国立公園や観光地の調査もされたとのことであった。その後工学部土木工学科に移られ交通計画や観光計画を担当、さらに東京工業大学社会工学科に移されて地域計画や観光計画の第一人者として活躍された先生であった。以上の経緯から、造園学から景観計画、観光計画、地域計画まで幅広く対応でき、また柔軟な発想をお持ちの先生でもあった。

高橋進先生と鈴木忠義先生は観光関係の仕事でご関係があり、高橋先生の退職にあたり、農大の大学院造園学専攻設立に尽力していただくよう高橋先生がお願いしたところ、東京工業大学の任期を残して農大造園学科に着任をいただいたという経緯がある。

鈴木忠義先生は1995（平成7）年まで13年間にわたって農大で活躍されたが、1991（平成2）年に大学院造園学専攻（修士課程）が発足し、さらに永嶋先生や私を含めて沢山の教員の学位を指導された[8]。一方、教育面ではフィールド型の演習（キャンプ場の計画演習、1986～2004）を朝霧高原の富士農場一帯を対象にスタートさせ

---

6) 高橋　進（1998）：山に向いて―高橋進集―（自費出版）
7) 高橋　進（1982）：風景美の創造と保護、大明堂
8) 鈴木忠義先生「感謝の会」編（1995）：構想と活力の4748日

写真5　キャンプ場の計画演習をスタートさせた鈴木忠義先生（1984年5月）

写真7　左から栗田先生、麻生先生、鈴木（忠）先生、永嶋先生（1995年3月）

写真6　20年間続いた演習で充実していったキャンプ場の計画演習テキスト

たり（**写真5、6**）、モデルスコープシステム[10]を発案するなど、研究室だけでなく造園学科全体に元気と活力を注いで下さった先生であった。また、先生は世田谷区の区民健康村事業の委員をされていた関係で、計画地対象地の群馬県川場村の仕事が多く、川場村は研究室の重要な活動フィールドとなった。

1995（平成7）年の鈴木忠義先生定年退職、1997（平成9）年の永嶋先生定年退職[9]と続く一方で、栗田和弥先生が助手で残り（**写真7**）、またスポーツ・レクリエーション担当の宮田和久先生（2004年度まで、2005年度からは上岡洋晴先生）が兼任で当研究室の所属となった。

1998（平成10）年に行われた学部改組で地域環境科学部造園科学科となり、研究室名称も「自然環境保全学研究室」と「観光レクリエーション研究室」の2つの看板を掲げたが、運営は通称「風景研」として従来通り一体的な運営を行った。

2002年に私が大学院指導教授に就任し博士課程の学生も在籍するようになり、研究室で学位を取得した卒業生が嘱託助教として研究室に所属して（2008〜09年：下嶋聖嘱託助教、20013〜16年：町田怜子嘱託助教）、研究室の教育研究体制はいっそう充実した。

1990年代後半からは、自治体や住民などと協働して、地域の景観の保全・再生・活用するプロジェクトが増え、それぞれの地域に学生が関わりながら学び、卒論や修論でまとめるというスタイルが定着してきた。輪島市三井町（2016年に農大と包括連携協定締結）や平塚市吉沢地区（2010年に四者連携協定締結）、阿蘇地域などは10年以上も交流を続け、お互いの信頼関係が生まれて、今日では研究室の重要な教育研究フィールドとなっている。

（3）教育・研究活動の構成と内容

私が農大に奉職して以来41年間の教育・研究活動、さらにそのバックボーンとして大きな役割を果たした地域活動や大学運営活動を系統的に分類整理しチャートにまとめたのが**図1**である。

図1から分かるように私が行ってきた活動は、〔A. 実験的・分析的研究〕、〔B. 地域資源の保全活用プロジェクト〕、〔C. 地域活動〕、〔D. 連携型教育〕、〔E. 大学や学会の運営〕の5タイプに分けることができる。

また、**図2**は卒業論文、修士論文、博士論文がその流

9）永嶋正信先生に感謝の意を表わす会編（1997）：国立公園の施設整備に携わって—自然公園行政と造園教育の半世紀—
10）麻生　恵（2007）：モデルスコープシステムの開発と造園模型シミュレーション、特集「都市のビジュアルシミュレーション」、都市計画56（6）、25-28

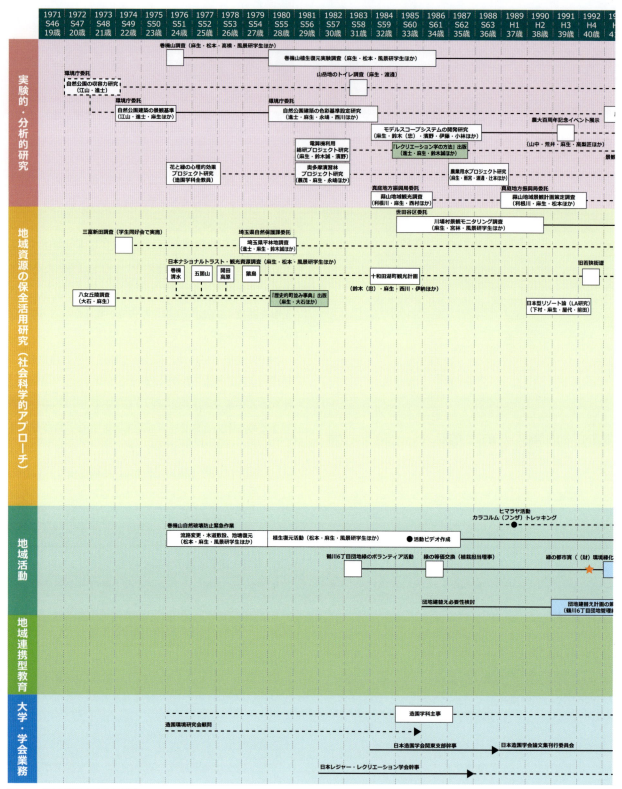

図1　研究教育活動の流れ

第一章 教育・研究の歩み

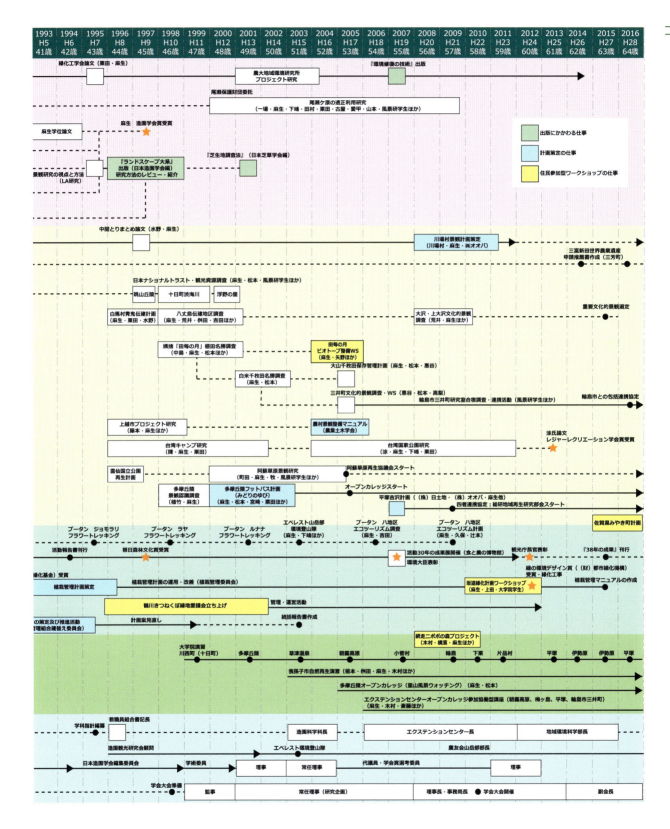

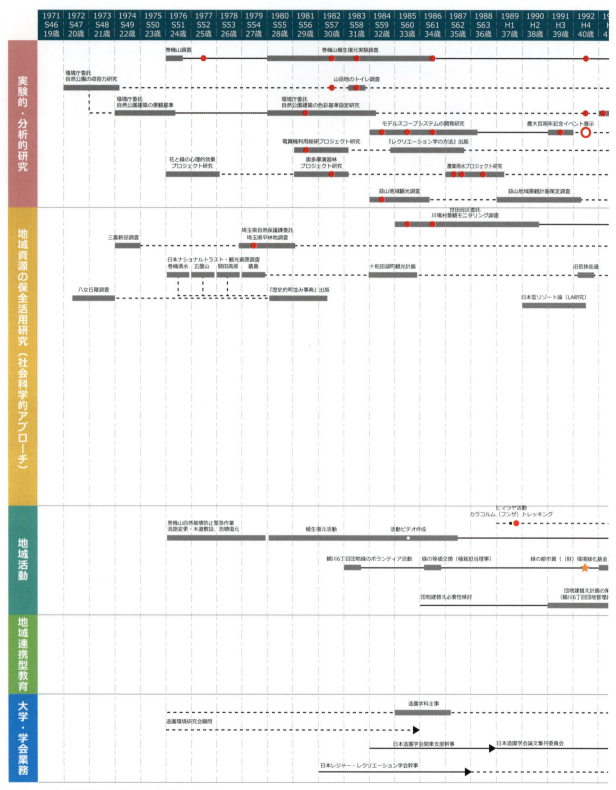

図2　麻生が指導した論文の対象の広がり

10　1．私の教育・研究の歩み

第一章 教育・研究の歩み

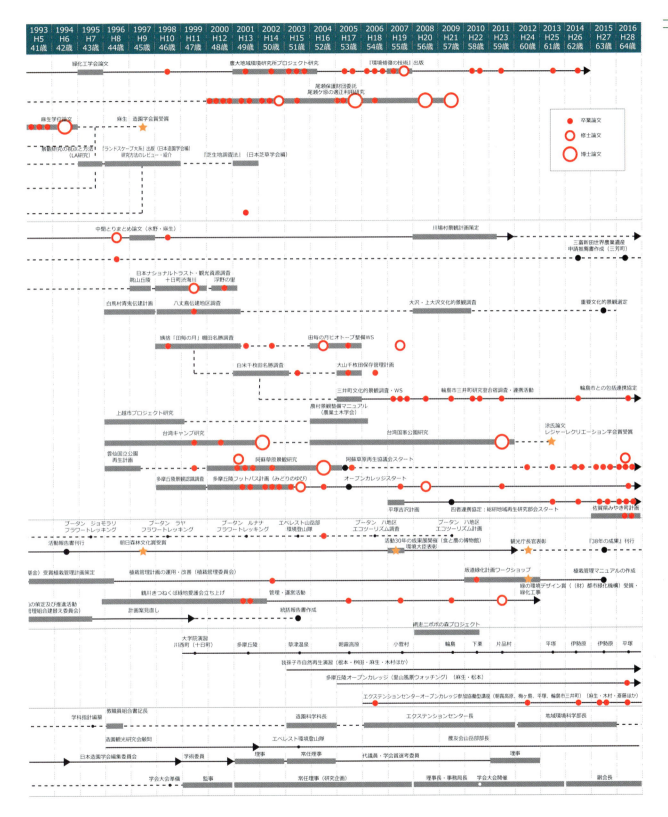

れのどの研究プロジェクトや活動の中で生まれたかを示したものである。

A．実験的・分析的研究

この分野は「研究者」として、と言うよりは後に述べる「研究指導者」としての技量を養う上で重要なプロセスであり、現場での調査や観察にもとづき仮説や理論を組み立て、様々な研究方法や解析手法を駆使して論理的にそれを実証するという、まさに理詰めで進めていく研究作業であった。発端は卒論で進士五十八先生から指導を受けながら実施した自然公園の建築物の外観デザインの評価特性や視覚心理に与える影響を探る研究であり、簡単な景観シミュレーション実験を行ったり、現場での観察や計測を繰り返してデータを積み上げ、実証していくという研究スタイルであった。この研究はさらに発展し、後に「自然風景地建築の色彩基準の設定研究」（麻生の学位論文）に繋がっていった。

景観研究に関わる特筆すべき分野として、1984（昭和59）年から着手した景観シミュレーションあるいは空間設計の道具としての「モデルスコープシステムの開発」[10]がある。これは景観工学提唱者である鈴木忠義先生の発案によるものであった。モデルスコープという内視鏡の一種を造園模型の中に挿入し、模型内をスムーズに移動したり首振りなどを行って、アイレベルの景観画像を得る装置である。機械装置の設計は当時農大図書館の視聴覚室に勤務していた伊藤敏朗氏（現在東京情報大学教授）にお願いし、研究としては景観シミュレーションとしての再現性や空間設計（植栽設計など）の道具としての有効性・適用性などについて検討した。開発研究期間中は模型制作やビジュアル表現に関心がある学生が集まり、農大創立100周年の記念イベント展示でその成果をアピールした。しかし、その後普及したコンピュータによる景観シミュレーション技術により、その価値は相対的に低下して行った。

もう一つの系譜は、研究方法や分析手法に関する調査である。1980年代に入って大型コンピュータが農大にも導入され、多変量解析などの統計解析ツールが使えるようになってきた。また、沢山の要素要因が同時に作用し結果が生じている現場の景観のような現象には、複数の

写真8 研究方法に関して先進的な出版物である『レクリエーション学の方法』

要因を同時に解析できる手法の適用が必要であり、若手教員（麻生、鈴木、濱野）で総研プロジェクト研究費を申請して研究手法の体系的な整理・把握を行った。こうしたリサーチの成果は、その後日本レクリエーション学会で企画された『レクリエーション学の方法』（ぎょうせい、1986)[11]という研究方法に関する出版の材料として大いに役立った。

ところで、この『レクリエーション学の方法』は「研究の方法」について論じた数少ない書物である。当時、日本レクリエーション学会の研究企画担当理事であった進士五十八先生の提案によりそれまでの「研究集会」の成果をまとめる形で学会としての出版が決まった。特に、資源空間分野について研究視点（研究の組み立てや着眼点）を麻生が、研究方法（適用される大きな方法から分析ツールに至る分類整理）を鈴木誠先生が担当したが、過去の造園学分野、都市・農村計画分野、土木計画分野に発表された研究論文について、どのような着眼点（捉え方）や構成で組み立てられているかをつぶさに把握・分類し、構造化を試みた。この経験により、様々な研究テーマに対してどのような方法で研究を進めれば良いか分かるようになり、後の「研究指導者」になるための大きな糧となったと思われる。

研究者はある面では職人的な側面があり、「研究の方法やツール」をどれだけ身につけているかは重要な資質である。研究対象やテーマは時代や社会ニーズと共に変化していくものであるが、論文の構造に関わる「研究の視点や方法」は普遍的なものといえよう。

---

11) 進士五十八・麻生　恵・鈴木　誠ほか、日本レクリエーション学会編（1987）：レクリエーション学の方法、ぎょうせい.

写真9　尾瀬ヶ原の適正利用研究の調査に参加した先生方（2002年6月）
（左から愛甲先生、麻生先生、下嶋先生、古谷先生、山本先生）

　このタイプの研究の中で特筆すべきことは、2000（平成12）年度から10年間近くも続けた「尾瀬ヶ原の適正利用研究」であろう。コンサルタント（田園都市研究所）の一場博幸氏により企画・提案・推進された尾瀬保護財団からの委託研究プロジェクトは、農大だけでなく千葉大学や東京大学、北海道大学の自然公園関係研究者も加わって組織的にかつてない広がりをみせると同時に（**写真9**）、博士論文3編、修士論文1編、卒業論文12編に及ぶ成果が生まれた。

B．地域資源の保全活用研究

　この分野の根底にある研究動機としては、「美しさとなつかしさに満ちたふるさと（地域）の風景を守りたい」という願いに根ざした造園家としての使命感によると思われる。

　発端は、学生時代の帰郷時にお手伝いした、1年先輩の大石道義氏（現在、西日本短期大学教授）が進めていた福岡県八女丘陵の景観保全運動であった。大石氏は実家の周辺に広がる茶畑（八女茶の産地）とその中に点在する櫨の木（木蝋、和ろうそくの材料）で構成される風景（まさに文化的景観）を保存するため、八女丘陵一帯の調査と関係機関への働きかけを行っていた。このような風景の価値に気付いたのは故郷を遠く離れて客観的に地域をみることが出来るようになったためで（大石氏も同様の経験をしたものと思われる）、これこそ造園家の道に進んだ自分の使命の一つのように思われた。

　当時は景観条例や文化的景観の制度は定められておらず、その後㈶観光資源保護財団（現在の公益財団法人日本ナショナルトラスト）からの委託調査で実施した各地の調査では、美しい風景を「観光資源」として位置づけ、それから得られた観光収入を風景の保全管理に充てる経済システムを提案するという時代が続いた[12]。

　1990年代の後半になると、棚田を文化財保護法の「名勝」に選定して保存活用したり、景観法や文化的景観の制度が生まれて、こうした景観の保全制度が整い、また地方の個性重視型の政策も浸透して、プロジェクトの質・量とも格段に向上した。特に、学生達がそれぞれの地域にボランティア活動などを通して関わるようになり、やがて研究室と中・長期的にお付き合いする教育・研究フィールドへと発展していった。それらの中から沢山の研究論文が生まれ、またその地域に移住する卒業生も出てきた。

C．地域活動

　1976（昭和51）年に巻機山の調査を行ったが、その報告書の中で山頂付近に広がる雪田草原の裸地化や侵食土砂の流入による池塘の破壊が著しく、その進行をくい止める応急処置が必要であることを説いた。その中には私たち調査関係者によるボランティア活動でも十分対応できる内容が少なくなかったことから、調査を指導してくれた当時㈶日本ナショナルトラストのスタッフであった松本清氏が土地の管轄所有者である六日町営林署（現、六日町森林管理所）に掛け合ったところ、応急作業を行うことを認めてくれた。そこで、1977（昭和52）年8月、地元塩沢町清水の公民館で調査報告会を行った翌日、有志数名で巻機山に登り、池塘に侵食土砂が流入し続けている流路を断って側方の谷に導く土木工事（溝切り工事）を実施した（**写真10**）。

　それが奏功して池塘への土砂流入は止まり、翌年から土砂で埋まった池塘の浚渫作業を実施し、水面が戻って2つの池塘の景観を復元・再生した。また草原への踏み込みを防止するため、木道の敷設を提案したところ、地元塩沢町（現、南魚沼市）が急遽鉄道の枕木を確保し、ヘリコプターによる輸送費も準備してくれた。そしてボ

12）麻生　恵・大石道義（1981）：郷土景観の保全、歴史的町並み事典、柏書房、115-122

写真10　巻機山最初のボランティア活動（1977年8月）

写真11　日照阻害を起こしていたケヤキの高木（1986年）

ランティアによる木道敷設工事を行い、さらに毎年の継続的なの植生復元活動へと発展していった。この活動は、2年目から㈶日本ナショナルトラストが事務局となり、東京農業大学が技術と労力を提供する形で進められ、後に新潟県自然保護課など行政機関との良好なパートナーシップが築かれ、日本の山岳地における自然保護ボランティアの先進事例として注目されるまでになった[13]。

鶴川団地の植栽管理活動

　もう一つの活動の流れは、1983（昭和58）年に入居した町田市の鶴川6丁目団地（公団分譲団地、780世帯）の活動である。北側の窓からの多摩丘陵の里山の眺めが素晴らしく、それが気に入って先輩教員（蓑茂寿太郎先生）の転出に合わせて入れ替わりで入居し30年間も住み続けることになった。面積が9ヘクタールもあるマンモス分譲団地で、区分所有法にもとづき管理組合が組織され、管理業者を入れずに住民による自主管理が行われていた。団地の「みどり」や建築物を含めた団地環境の管理・運営について蓑茂先生が関わっていた活動を同時に引き継ぐことになった。

　入居後すぐに中低木の剪定を行うボランティア組織「植物友の会」に所属し活動を始めたが、入居3年目（1986年）に管理組合の植栽担当理事を務めることになり、団地のみどりの管理運営に本格的に関わることになった。最初に手がけた仕事は、築20年近くが経過してそろそろ

写真12　等価交換により高木と入れ替えで植栽された生垣や花木（1987年）

発生し始めていた高木による日照阻害の解消であった。「緑の等価交換」と称して、住棟の南側で日照阻害を起こしている高木を住民の了解を得て業者に買い上げてもらい、代わりにその費用で生垣を造ったり、住民が希望する花木や果樹を植え、日照阻害の解消とみどりの構造の改善を一挙に進めようというプロジェクトであった[14]。住民の意向をきめ細かくヒアリングし合意を取っていった結果、クスノキやケヤキ十数本が買い上げ対象樹となり、レッドロビンなどの生垣を初めて住棟の南側に設置したほか、カリンなどの果樹、季節の催しに使うユズリハやカシワなどの樹木を植栽した。このプロジェクトは大変好評であり、これをきっかけとして町田市役所の緑化助成制度等を活用して住民が希望する場所全てに生垣を植栽したり、キョウチクトウなど不人気樹種を

---

13) 巻機山景観保全ボランティアーズ・東京農業大学自然環境保全学研究室編（2015）：巻機山─景観と植生の復元38年の成果─、公益財団法人日本ナショナルトラスト
14) 麻生　恵（1988）：集合住宅における高木の日照障害解消策─等価交換方式による鶴川六丁目団地の試み─、グリーン・エージ、第180巻、41-47

人気樹種に植え替える、子ども会のための花壇整備などの活動を進めていった。こうした活動をまとめて1992（平成4）年に㈶都市緑化基金の「緑の都市賞」に応募したところ、建設大臣賞（緑化活動部門）を受賞した。

中・長期の植栽管理計画に取り組む

1968（昭和43）年に完成した公団の団地は植栽設計が貧弱で、風が吹けば砂塵が舞うような状況であった。そこで、初期の住民達は日本花の会など様々な団体にお願いして苗木の提供を受け、みどりを豊かにしてきた。しかし、1990年代に入るとそれらが一斉に大木化し、日照阻害もいっそう深刻化してきた。このままでは定期的に施す剪定費用が無限に膨らみ団地の財政を圧迫することが危惧され始めた。そこで1992（平成4）年に「植栽計画検討委員会」を設置し、みどりを「増やし育てる時代」から「ボリュームを維持管理する時代」に移行したと位置づけ、長期的な植栽管理計画を作成することにした。具体的には団地全体の植栽位置図を作成するとともに、概ね幹周15センチ（直径5センチ）以上の樹木約2,500本について管理番号を振り、管理目標（どの程度の大きさで維持するか）、剪定方法（その目標を維持するためにどの位の頻度でどんな剪定するか）、費用（業者委託の場合の剪定費用）、年度ごとの剪定作業の割り振り（全体費用の中での案分）を示したデータベースを作成した。特に住棟周りの樹木の管理目標設定にあたっては、住棟ごとに検討会を開いて住民の意向をきめ細かく聞き取り、設定していった。日照阻害が発生しやすい下層階と緑の恩恵を得やすい上層階で意見が大きく異なることが多く、調整するのに手間を要した。管理計画完成後は委員会名を「植栽管理委員会」に切り替えて、内容を微調整しながら、計画の運用にあたった。概ね10ごとに管理目標を見直し、場合によっては伐採も加えながらみどりのボリューム拡大を抑えた結果、植栽管理費用は20年間ほぼ横ばいで推移することになり、計画の目標はほぼ達成された。

緑の環境デザイン賞受賞

団地の植栽管理で特筆すべきは、「緑の環境デザイン賞」に関わる一連の活動である。高台の団地と低地のショッピング街を結ぶ片側コンクリート擁壁の坂道があり、緑陰がほとんど無いことから、買い物などを徒歩に頼らざるを得ない高齢者からは「地獄坂」とも呼ばれていた。これを緑化し快適な環境に変えようと植栽管理委員会で検討し、住民参加のワークショップで計画案を作成し、入賞すれば実際に緑化工事が行われる「緑の環境デザイン賞」（主催：財団法人都市緑化機構）に応募しようという戦略を立てた。住民ワークショップの開催にあたっては、農大大学院の「造園計画特論演習」の一環として位置づけ、住民と学生が一緒に都合3回のワークショップを開催して計画案をまとめた。設計が得意な学生に図面を作成してもらい、説明を加えて翌年度応募したところ、見事「緑化大賞」を受賞し、800万円相当の緑化工事がなされることになった（大賞受賞の実績は参加学生みんなで共有することにした）。そこで急遽団地総会を開催し住民の了解を取った上で地元造園業者にお願いし、実施設計を経て緑化工事に着手した。基盤工事や主な樹木の植栽工事は業者が担当したが、低木や草花の植栽作業は住民が担当し、工事期間3ヶ月ほどをかけて見事完成した。完成後2〜3年は猛暑の夏が続き、植栽後間もない草花はダメージを受けたが、ワークショップに参加した住民が愛着をもって管理を続けてくれたお陰で元気を取り戻し、今日では安定した状態に落ち着いて四季を感じられる「極楽坂」として住民に親しまれている。

団地の建て替え運動

団地の活動としては、バブル経済期を挟んで十数年間にわたり「団地の建て替え活動」に参加した。1968（昭和43）年に完成した団地は1戸当たりの面積が狭く、さらに設備や間取りなどが時代のニーズに合わない状態（陳腐化、社会的老朽化）になっていて、それがファミリー層の永住を妨げる大きな要因になっていた。団地の管理組合には珍しく「長期環境計画検討委員会」という日常の管理業務から独立した計画系・企画系の委員会があり、昭和50年代からその必要性が指摘されていたが、バブル経済で不動産価格が高騰したことから事業の可能性が出てきて、準備を進めることになった。団地住民で構成されるメンバーの中には建築家や都市計画コンサルタント、不動産業関係者などがいて、その委員会の資料を整えるなどの幹事役を担当した。最盛期には1000万円規模の費用をかけてコンサルタントによる事業計画案を作成し、住民の合意を得ようとした。しかし、世帯数が多す

写真13　地域の行政やボラティアとの連携による演習（我孫子市谷津ミュージアム）

写真14　行政や地域の方々にも提出してきた演習成果報告書

ぎたことや、すでに住民の高齢化が進行していたことなどから合意が取りきれず、その内バブル経済が崩壊して事業が成り立たなくなり、計画は立ち消えになった。

こうした分譲型のマンモス団地は「管理組合」によって自主運営される組織体であり、ハード面（植栽や建築物など）とソフト面（管理組合や自治会など）を兼ね備えていて、一種の地域モデル、あるいは社会モデルということができる。団地の植栽管理運営や建て替え活動に長年関わってきたことにより、地域との関わり方やプロジェクトの進め方のセンスが養われ、さらに住民との信頼関係が築かれることにより、教育や研究のためのデータや教材を得ることができるフィールドが開発されてきたように思われる。

D．連携型教育

地域づくりや地域の景観計画を学ぶためには、フィールドの存在は欠かせない。しかも演習林や農場のように空間だけが存在する（ハード面の、自然のシステムだけの）フィールドではなく、実際にそこで人々が生産や生活を営んでいる（ソフト面の、社会システムが備わった）フィールドが必要である。自然的環境が多彩な要素から構成されている上に、それに関わる社会的環境の複雑な関係全体を大学キャンパスの座学のみで理解させることは不可能に近い。そこで実際に学生達を地域に連れて行き、地域の方々と一緒に調査をしたり、地域づくりや景観計画づくりのプロジェクトを行いながら学んでいくことが必要と考え、「地域連携型教育」をスタートさせた。

研究室活動では比較的早い時期から全国各地域の方々と関わってきたが、カリキュラムとして設定された科目で実施したのは大学院の「造園計画特論演習」であり、1999（平成11）年の新潟県川西町（現、十日町市に合併）における「渋海川流域の景観資源を活かしたまちづくり計画」であった。もちろんそれが実施できた背景には事前に㈶日本ナショナルトラストからの委託調査によって地域との良好な関係が築かれていたからであった。このようにして毎回場所を変えて合宿形式の演習を行い、最終日に地域の関係者を集めて成果報告会を行うというスタイルが定着した。多くの地方では過疎化・高齢化が進む中で、学生が来てくれるだけで喜ばれ、学生にとっても地域の方々から直接に伝わるものがあり、動機付けや技術者としての使命感の涵養に大いに役立ったと思われる。

学部の授業では、2003（平成15）年度から始めた千葉県我孫子市における「自然再生」の演習（選択必修）がある。我孫子市手賀沼課の協力をいただきながら、市が進める「谷津ミュージアム事業」の対象地（都部・岡発戸の谷津）をフィールドとして、グループごとに生き物環境の調査を行い、それを保全・再生・活用する計画を作成し、最後に関係者を対象に発表会を行うという演習である。学生達の調査にあたっては、谷津の管理運営ボランティアの皆さんの支援をいただきながら進め、ボランティアグループのイベントなどには学生が協力するという良好な関係が築かれてきた。

また、2006（平成18）年からは農大エクステンションセンターのオープンカレッジで「参加協働型講座」をスタートさせた。これは社会人を対象に（学生も参加可）、

地域に出かけていき、受講者と地域の方々が一緒になって地域づくりを進めながら、地域づくりの方法を学んだり、地域の応援団になっていただこうという講座である。木村悦之氏（農大非常勤講師）が今日まで継続している「富士山麓朝霧高原の地域づくり」が最初の開催となり、安倍川源流梅ヶ島地域（斎藤雅子氏担当）や平塚市吉沢地区などでも実施した。

E．大学や学会の運営

今日の大学の常勤教員は、研究以外に様々な大学運営業務をこなさなければならない。特にある年齢に達すると責任のある仕事を任されることになる。数ある仕事の中でも、地域づくりや地域連携に関わるものについて紹介する。

エベレスト環境登山隊

私が教授に昇格した途端に就任したのが農友会山岳部長の仕事であった。前任の先生が定年退職され、私が仕事で多少山岳地の環境などに関わっていた関係でこの仕事を任されたのだと思われる。2002（平成14）年の就任後いきなり企画することになったのが、創部80周年記念事業として実施するエベレスト登山であった。しかし、エベレストには商業登山も含めて当時1000人以上がすでに登頂していて、単に登頂しただけでは評価も受けず、社会へのアピールもできないという状況であった。一方、エベレストの環境が登山者の集中などで相当悪化しているという情報もあった。そこで、山岳部OBも含めて企画を練った結果、山岳の環境に負荷を与えない登山スタイル、すなわち「環境登山」の方法を考え実践するということになった。具体的には、上部の登攀活動中に出た排泄物はベースキャンプまで持ち帰る、ベースキャンプ滞在中の生活排水は濾過して流す、ソーラー発電などクリーンエネルギーを使用する等々、環境負荷低減にとことん拘った登山を実践するとともに、現役学生で構成される「環境調査隊」をベースキャンプ（5,300m）まで派遣して、実践をサポートしたり水質調査など環境の実態を明らかにすることにした。このようにして「エベレスト・ローツェ環境登山隊2003」が組織された。ちょうどこの頃、進士五十八先生が学長を務めていて、農大生

写真15　オープンカレッジで実施した里山風景ウォッチング（多摩丘陵小野路地区）

は環境問題解決に貢献する「環境学生」であることをアピールしていた。こうした取り組みが大学の方針に合致するとして助成金をいただくことも出来た。環境調査隊に参加した学生は、帰国後「環境実践学生コンクール」に発表して、見事入賞を果たした[15]。こうして「山岳の環境に配慮した登山スタイル」は農大山岳部の伝統の一つになっていった。

エクステンションセンターの仕事

2006（平成18）年から6年間にわたって農大エクステンションセンター長を拝命した。社会人向けの教育（主にオープンカレッジ）を担当する部署であるが、農大らしさを出したいと考え、体験型講座の割合を増やしていった。

とりわけ、受講者が地域に出かけて行って地域の方々と一緒に地域づくりを行う「参加協働型講座」をスタートさせ、富士山麓朝霧高原や静岡県安倍川源流梅ヶ島地区などを対象に講座を展開した。こうした講座で蓄積されたノウハウや開発されたフィールドは、2011（平成23）年度からスタートしたグリーンアカデミーの「みどりの地域づくりコース」にも役立つことになった。

地域環境科学部長の仕事

最後に担当した大きな仕事は、地域環境科学部長として関わった「地域創成科学科」の開設である。背景として、地方では過疎化・少子化などに伴う人口減少が進ん

15）下城裕子（2004）：エベレスト山麓における環境活動、環境学生実践のエコロジー、東京農業大学編、誠文堂新光社、16-21

で、地域の担い手不足が深刻化していた。また、農大は現場の専門技術者を沢山輩出してきたが、それらをまとめ、総合的な政策などとして地域をマネージメント出来る人材が不足していた。こうした専門性と総合性を兼ね備えた地域のリーダーになれる人材の養成が求められるようになっていた。そのための新しい学科が必要であるという議論は進士学長時代に生まれ、宮林茂幸前学部長時代には、新しい学部のあり方についてシンポジウムを開催するまでになった。地方の仕事に関わり、こうした人材養成の必要性を痛感していた私は、地域の担い手養成の新学科づくりを訴えて学部長に選ばれた。学部長就任の一期目（2012～2013年度）は学部ミーティングなどを通して新学科のイメージを先生方に理解してもらう一方、大学側には大学改革改善委員会などで新学科開設の必要性を訴える働きかけを行ったが、大学として動きには至らなかった。

学長が交代し、二期目（2014～2015年度）に入った途端、事態は大きく動き始めた。短期大学部を閉学し、代わりにその学生定員枠を使って新学部や新学科を新たに開設するという大きな改革方針が示されたのである。具体的には、生命科学部という学部の新設と、既存の学部に時代のニーズに応じた新しい学科を1つずつ新設するというものであった。地域環境科学部では当然のこととしてそれまで議論してきた地域づくりの人材養成に向けた学科の設置を提案したが、これに対して教育・研究内容が既存学科と競合するなどの反対意見が出るようになった。地域のエネルギー問題解決に特化した学科を新設する対案（そのためには外部から新たな専門家の採用が必要）なども出されたが、設置申請に既存学科からの教員異動で対応する「届け出」方式をとることが示されたため、当初の案に落ち着いて行った。次に問題になったのが既存学科の学生定員削減である。短期大学部閉学によって大学側に取り込まれる学生定員枠だけでは新学部・新学科の開設には不足するため、既存学科の学生定員を数十人ずつ減らして提供するよう大学側から要請があったのである。学生定員の削減は各学科の教員数の削減に直結するため、これには大きな反対の声があがった。この問題については4ヶ月ほどの時間をかけて折衝を続けた結果、既存学科20名削減、教員定員の扱いについては覚え書きを交わすことで決着したが、政治的な力関係を痛感せざるを得ない苦しい仕事であった。最終年度（2015年度）になると、新学科に異動する教員が決まり、新学科の名称（地域創成科学科）も決まって、いよいよ文部科学省への申請業務に着手して行った。新学科に異動が決まった先生方や大学事務局スタッフの精力的な取り組みにより申請業務が終わり、2015（平成27）年12月に見事学科新設の許可が下りた。2016年度に実施された入試（推薦入試、一般入試）においても十分な志願者があり、この学科が社会のニーズに応えるものであったことが改めて示された。

（3）大学教員生活を通して思うこと
研究は教育の手段である

助手として大学に残った頃は、研究活動がおもしろくてそれに没頭していた。助手は卒論の指導は出来ないが、私が取り組んでいる研究テーマや内容に興味のある学生は実質的な卒論指導を任せてもらって、一緒に調査に出かけたり、実験を行ったりしていた。1980年代頃までは「大学における教育の質の保証」などはあまり問題にされなかったので、存分に研究活動に時間や労力を割くことができた。当時は大学院が整備されておらずそこで学ぶ機会はなかったが、お陰で給料をいただきながら自分自身の得意な研究方法や分析スキルなどを身につけることができた。

10年ほどして研究者としてある程度ストックが出来た頃、学会から専門領域の研究内容の整理や研究方法をまとめる仕事の依頼が来て、それに必死に取り組んだ。これによって自分の研究テーマも含めて研究領域全体が俯瞰出来るようになり、特に研究対象に応じた様々な研究方法が自分の中で体系的に整理されてきた。これによって、後に学生が相談に来て持ち込む様々な論文テーマに対して、それなりに（学生の技量や能力に応じて）対応・指導できる力がついたと思われる。

大学教育の本来の目標は、知識の習得ではなく、問題を解決したり、新しい知見を得るための能力を授けることだと考える。研究活動やプロジェクトに学生を参加させながら、そのプロセスで作業をしたり議論を行う中でこうした能力を身につけてもらのが重要である。そのためには教員が研究フィールドを含めて「研究方法の引き出し」を沢山もつことが肝要である。

研究者ではなく研究指導者になる

　沢山の学生を抱える今日の私学の教員は、厳密な意味で研究者になるのは難しい。JABEE認定制度に代表されるように、近年の多様な入試制度により入学してきた様々なレベルの学生に対して、「教育の質の保証」を行おうとすると、レベルの底上げに大変な労力と時間を要することになり、研究活動の割合は益々少なくなる。まして先端研究などの研究は、教育業務や大学運営業務から開放された研究所などの専任職員でしか出来ないであろう。

　一方で、大学での教育が一つの教育サービスとして位置づけられ、支払った学費に対する学生満足度が評価されるような状況の中では、研究者としてよりも教育者としての技量が求められる時代になっている。しかし、大学院を有する大学では学位論文指導や修士論文指導にみられるように、社会の一線に通用する研究論文の指導も行わなければならない。そこで、私は良い「研究指導者」になるべきだと思っている。

　それでは、良い研究指導者になるための資質は何か。

　一つは研究対象の理解だけでなく「研究の方法」を沢山身に付けておくことであろう。研究対象からは研究課題がもたらされるが、研究課題は時代とともに変化していくものである。それに対して研究方法は時代の影響を受けにくい普遍的なものである（但し、分析ツールは技術開発とともに大きく変化する）。

　研究方法にはいくつかのレベルがある。研究対象に対してどのような構造（捉え方、研究視点）で内容を組み立てるかという基本的な部分の選択肢を沢山持っているのが好ましい。1つの研究対象や研究テーマに深く没入するのではなく、幅広い様々なテーマの解決に対応できる沢山の方法を示して学生の意向を尊重しながら指導できることが求められる。

　もう一つは、「研究フィールドの開発」である。普段から行政の委員会や委託プロジェクトなどを通じて地域の行政担当者や住民代表者などとの協力関係を築いておくことが望ましい。またそうしたプロジェクトに学生を参加させ、卒業年次には卒業論文や修士論文などとして纏めてもらう。このような関係を築いておくと、学生の研究活動に地域の方々は喜んで協力してくれることが多い（もちろん、完成後は地元でお礼を兼ねた報告会などを開催する）。近年、地域（地方）はどこも高齢化が進んでいて、学生が来てくれるだけで喜ばれるものである。また、地域づくりにおいて学生が行政と住民との間を取り持つという役割を果たすこともある。地域と研究室の間でこうした信頼関係を築くためには少なくとも5年程度のお付き合いが必要である。輪島市三井町では研究室の合宿などを通して10年以上にわたって良好な関係が続き、2016年度までに4人の卒業生が移住することになった。

　また、特に卒論指導では様々なレベルの学生が自分のやりたい研究テーマを持って相談に来る。そこに一方的に自分の研究テーマを押しつけて研究を強いるのは最悪である。学生が自分の好きなテーマで研究出来たか否かは、大学生活の満足度評価に大きく関わるからである。その際、卒論としてのいくつかの条件と価値基準を私なりに設けている。条件としては①自分で収集したオリジナルデータで語ること、②（お勉強に終わらせることなく）わずかでもよいので新知見を得ること、③外部に公表されるレジュメでは最低限の論文の形式を守ることなどである。また指導の際の価値付けの内容として①アイディアの面白さ、②方法論の新しさ、③成果の有効性、④論理性などがあり、学生の能力に応じて1つでも盛り込めるようにしている。

社会人教育

　最近はどこの大学も社会人を対象とした生涯教育に取り組んでいる。東京農業大学でもエクステンションセンターを設置し、オープンカレッジやグリーンアカデミーの講座を開講して社会人教育にあたってきた。大学における日頃の教育・研究のストックを社会に還元するというのが大きなねらいである。教授クラスになると、大学の地域貢献・社会貢献活動の一環としてこうした活動に関わるよう要請されることになる。先述したように私の場合は、それまで開発してきたフィールドを対象に、受講者（学生も含む）と教員が一緒に地域に出かけて行き、地域の方々と一緒に地域づくりに参加しながら、地域づくりの方法を学んだり、地域のファン（応援団）になっていただくという「参加協働型講座」をスタートさせた。

　10年近くこの活動を続けてきたが、いくつかの効果や成果があがった。学生も受講生として参加できるようにしたこと（参加費の学生割引を設定）から、若い学生、熟年世代の受講生、地域住民、我々教員の4者の間で良

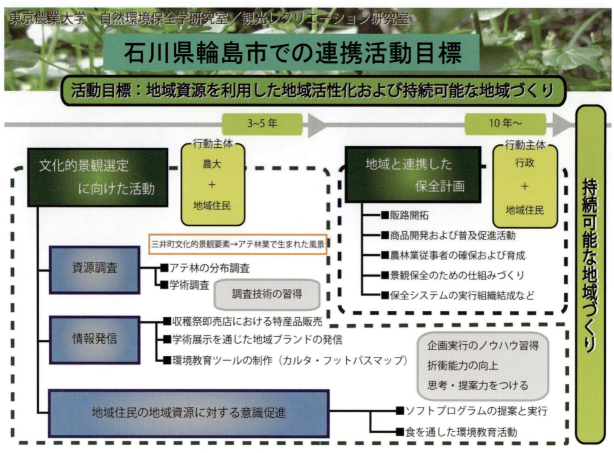

図3　輪島市三井町との交流で作成した中・長期目標

好な関係が生まれた。活動を続ける中で農大生の活躍が目立つようになり、特に受講生の間で農大（学生や教員）への根強いファンが育ってきたことであった。また、「美しい地域づくりや里づくり」は熟年世代にとっては大変魅力的なテーマであり、それにこうした講座を通じて参加できることが大きな生き甲斐につながっていることが明らかになった。

地域は最良の総合教育フィールドである

　そのきっかけとなったのは、たぶん私自身の話術の未熟さも大きく影響していると思うが、キャンパスでの座学による教授方法の限界を痛感したことであった。多彩な要素で構成される地域の自然的環境（ハード面）とそこで営まれる人々の生活や生産活動などの社会経済的環境（ソフト面）が複雑に関係し合い構成される地域環境は、いくら言葉や資料で伝えてもなかなか理解されるものではない。ところが、彼らを地域に連れ出し、地域に関わった途端に表情が一変し生き生きしてくるし、自分自身も同様の気持ちになっているのに気付く。

　そのプロセスを一言でいえば、学生達が地域の方々と様々な行動を共にする中で地域が好きになり、地域の方々の想いに共感し、地域づくりの課題や目標を共有し、自分たちのプロ（技術者・専門を志す者）としての使命感に目覚め、その中から学びのモチベーションを高め、出来る範囲で（それぞれの能力に応じて）研究や地域活動を行い、その成果を地域に還元・報告する。地域の環境そのものや地域に暮らす方々みんなが先生なのである。キャンパスでの座学はこうした体験が終わった後に理解や認識を補ってあげるという段階で行えばよい。

　このことは教育を行う教員側だけではなく、学生達を受け入れ学習や交流を通して地域活性化を行おうとする地域側でも心得ておくべきことであろう。

　近年の大学教育には、専門教育と併せて総合的な人間力を授けることが求められるようになった。学生が地域に関わることによって、様々な世代の住民とコミュニケーションを行い、様々な立場の人々の暮らしやそこから生まれるニーズを理解することによって、社会の一員として役割や、その中での専門家としての期待や使命感

図4　輪島市三井町との6年間の交流内容

を意識するようになる。まさに地域は総合教育のフィールドであるといえる。

われわれ教員は学生が活躍できる場を準備し、学生と地域の人をつなぐなど、そのきっかけを作ってあげることが重要である。

それは、キチンとした地域であることに越したことはないが、教員自身の普段の社会活動の中にも、こうした視点さえ持っていればいくらでも機会はある。

特に最近の私学の教員は研究業務、教育業務、大学運営業務、社会貢献活動など沢山の仕事を同時に行わなければならない。しかし、それらを別々に位置づけるのではなく、それぞれの活動に少しでもそうした機会を見い出していけば、こうした教育は可能になると考える。

組織的な地域連携教育を

大学と地域との連携活動は、基本的には人と人とのつながりに依存している。大学側にも地域側にも責任を持って対応できる人材が必要である。大学側の教員が定年退職したり、地域側の担当者が異動したりすると、途端に活動が停止することも少なくない。また、連携活動は5年、10年と続けるべきものであるが、その間に担当者が代わることも多々発生する。最悪なケースは担当者が全員同時に交代することである。交流活動の原動力はそれまでの交流体験を通じて育くみ共有してきた想いや願いなどの場合が多く、マニュアルなどの申し送り事項を渡しただけではなかなか後任に伝わらない部分がある。このような事態を防止するためにも、こうした想い持つ人材が双方お互いに途切れないよう組織的・計画的に推進体制を整えていく必要がある。

<平成8年度日本造園学会賞受賞者業績要旨>
2．自然風景地における建築物の色彩景観調和技術に関する研究
A Study of Techniques for Harmonizing Colors of Building and Landscapes in Scenic Areas

Megumi ASO

麻生　恵*

*昭和26年10月佐賀県生まれ，昭和51年東京農業大学農学部造園学科卒業，平成6年12月博士（農学）（東京農業大学）取得，現在東京農業大学農学部造園科学科助教授

1．研究の背景・目的

　自然公園やリゾートに代表される自然風景地においては、その魅力の根源となるすぐれた自然景観と、レクリエーション利用に伴う建築物などの各種施設との景観的調和を如何に図るかが、重要な課題である。

　自然風景地の景観改変（質的低下）は、風景地内に共存する産業活動や生活活動によるものも少なくない。しかし、利用拠点などで発生する景観問題の多くは、レクリエーション利用に伴う建築工作物によるものである。これらは自然景観の中に介入し、自然景観の質を損なっている場合が多い。

　このような状況に対して、行政当局は「審査指針」や景観に関わる「指導要項」などを定めて景観の質の維持に務めてきたが、これらの指針や基準は長年の行政の経験に基づくものが多く、科学的な研究データによるものは少ない。

　一方、最近の建設技術の大型化に伴い、一般の国土景観の中に出現しつつある大規模な構造物を、周囲の景観に調和させようという試み、あるいは周辺への景観的影響を最小限に抑えようという技術的研究が展開されている。このような試みや研究は「景観アセスメント」ともいうべき技術へと発展しつつある[1]。

　しかし、自然景観の質が優先され、なおかつそのレクリエーション利用が目的となる自然風景地の建築物のデザイン、とりわけ「色彩」要素に関する研究は、様々な要因が介在することや計測・記録が困難なこと、評価構造が曖昧なこともあって、未だ十分ではなく、今後の研究が待たれる状況にある[2)3)4)5)]。

　そこで本研究は、自然風景地の景観改変に影響を及ぼす建築物の外観デザインをとりあげ、中でも「色彩」の要素に着目して、周囲の自然景観と建築物とを調和させる技術の確立を目指して、色彩景観の検討方法を追求すると同時に、自然景観中での建築物の各色彩の評価特性を明らかにし、景観調和色の領域（閾値）を導くことを主な目的とした。

　以上から導かれる研究課題は次の3点とした。

　①自然風景地における建築物色彩の景観把握モデルおよび観察者の評価の観点の整理・明確化。

　②自然風景地における建築物色彩の評価特性の把握。

　③自然風景地における建築物の屋根と外壁に使用される色彩の調和色の領域（閾値）の設定。

2．研究の構成と方法

　研究の構成は次のとおりである。

　〈序論〉では、自然風景地における景観問題と景観管理行政の変遷、その中での「色彩」要素の重要性を明らかにするとともに、これまでの関連研究と本研究の位置付け、研究課題を明確化した。

　〈本論〉は「基礎的研究」と「応用研究」により構成される。「基礎的研究」は、どのような条件のもとで、

出　典：麻生　恵（1997）：自然風景地における建築物の色彩景観調和技術に関する研究（平成8年度日本造園学会賞受賞者業績要旨）、ランドスケープ研究61（1）40-47.

色彩の検討をすればよいかを明らかにするもので、観察者側の評価の観点の整理と、自然風景地における色彩景観把握モデルの明確化に分けることができる。前者の評価の観点の整理では、これまでの自然風景地におけるデザインポリシー論議の変遷を辿り、自然風景地における建築物の景観評価の観点（視座）を整理した。

後者は、自然風景地における建築物の色彩景観がどのような構造（空間的構造）として捉えられるか、さらに景観の操作（建築物を含む景観の計画・設計）を念頭においた景観把握モデルを検討し、その中での「色彩」要素の扱いや設計のレベル（設計段階）における位置付けについて整理した。

さらに、視距離が数kmに及ぶ大スケールの自然景観中における建築物の色彩の見え方の変化を明らかにするとともに、建築物の外観デザインを検討する場合の視距離の分類と、色彩の検討に適した視距離の範囲を明らかにした。また、分類された各視距離のレベルごとに建築物の規模、形態、色彩、材料などいくつかのデザイン要素の影響度分析を行い、色彩要素の影響を定量的に把握した。

「応用研究」は、基礎的研究で明らかになった色彩景観検討の枠組みのもとで、次の3研究を実施した。

①全国にまたがる国立公園集団施設地区を対象とした国立公園管理官による実態調査（以下「全国調査」と称する）を実施し、近景域から数多くのサンプルを集めることによって、全色彩ブロック（中分類レベル）にわたって出現傾向とその評価を把握した。②現地の展望台に被験者を同行させ、中景域から実際の景観を対象に観察評価実験（以下「野外実験」と称する）を実施した。③カラーシミュレーション画像による室内実験（以下「室内実験」と称する）により、それまでの成果を検証し、さらに微妙な色彩変化に応じた評価特性を探った。

〈結論〉では、応用研究のそれぞれの成果を総合的に考察し、自然風景地における建築物の色彩の調和色の領域を設定した。

3．自然風景地における色彩景観の現状と問題点

（1）自然風景地における建築物デザインの調和概念と景観評価の観点

自然風景地、特に国立公園など自然公園内で建築工作物の「調和」をどう考えるかは、自然風景地の景観のあり方にも関わる重要な問題であり、ここではその論議の変遷を辿りながら景観評価の考え方について整理した。

その結果次のようにまとめられた。

①「自然的」「調和的」「単純」が自然性が尊重される風景地の基本思想である。

②調和の考え方として、自然景観にとけ込ませたり、隠したりというような隠ぺい型の調和と、その存在を肯定しながら調和させる方法がある。

③自然風景地本来の利用に必要な施設と必要でないものを分けて考える必要がある。送電鉄塔のような不必要なものは、隠ぺい型の調和を考えるべきである。建築物のように利用上必要な施設は、隠ぺい型の調和手法だけでは対応できない。

④また、場所性によってもその手法は異なる（自然性が優先される特別保護地区のような場所と生活活動が営まれる普通地域とでは施設に対する考え方や位置付けが異なる）。

⑤複数の施設が存在する場合は「統一性」は調和の原理として有効である。

⑥人々の慣れによる評価基準の変化形成という現象がやや長い時間スケールでは認められる。

⑦「不自然さを感じない」「周囲の自然景観を損なわない」は人々の一致度の高い（汎用性の大きい）評価尺度である。

⑧評価の内容は、検討のスケール（対象までの観察距離や景観体験の仕方）によって異なる。

（2）色彩管理行政の変遷と景観の現状

次に、景観管理行政の変遷を辿る中で、今日の自然風景地における色彩景観の現状を歴史的に理解し、自然風景地における景観管理、特に色彩の管理の問題点を明確にした。また、自然風景地を利用者が体験する際に、景観面でどのような要素に不快感を感じているのか、どのような要素が自然景観を損ねているのかを定量的に調査し、その中での「色彩」要素の影響を分析した。

その結果、以下の点が明らかになった。

①戦前から戦後にかけて、風致の維持への行政の関心は高かったが、色彩のバラエティは少なく、建築物の色彩は比較的統一されていた。その中で、「屋根暗緑色、外壁暗褐色」という周囲の景観色に合わせる調和の考え方と「赤い屋根」に代表される、ある程度の対比を意図

した調和に基づく建築物がみられた。

②高度成長期には、建築材料が多様化し変化するにつれて、色彩も大きく変化した。屋根の色彩は、緑系統が減少して茶系統が増加した。外壁は、茶系統から高明度色の白っぽいものが増加した。

③近年になって景観指導のための「審査指針」や「取扱要項」が定められたが、具体的に使用色彩の領域を表示しているものは少なく、景観行政の中で色彩面での指導が大きく立ち後れていることが指摘された。

④利用者の自然風景地体験の中で、景観を損なっている要素の中で「建築物」の占める割合は大きく、しかも広範囲に及んでいることが明らかになった。デザイン要素の中では「色彩」の影響が沿道や近景で特に大きく、中・遠景にも及んでいること、建築物の部位のなかでは、「屋根」と「外壁」の色彩が重要であることが明らかになった。

4．景観把握モデルと色彩要素の影響

本章では、自然風景地における建築物を含む景観の物理的側面に着目して、それがどのような構造になっており、どのように認識されるかという「景観把握モデル」、および景観設計（検討）のプロセス（レベル）における色彩要素の位置付けを整理した。さらに自然景観中での建築物色彩の見え方を把握した上で、視距離の分類を行い、視距離の違いによって「色彩」要素が景観の総合評価にどのように影響するかを明らかにし、色彩検討（調査）の枠組みを明確化した[6]。

その内容は以下のとおりである。

①景観の操作的な捉え方を整理する中で、建築物の外観デザイン要素の内容とそれぞれの景観への影響を検討し、色彩要素の特徴を視距離および景観設計のプロセスに着目して明らかにした。その結果、設計の各段階（プロセス）において「色彩」要素は、位置や密度、規模、形態などの検討の下位に位置し、材料やテクスチュアと同等の位置にあること、近年の塗料や素材の発達で色彩が材料と独立して検討されるようになったこと、建築物を主対象とする景観においては屋根と外壁の色彩が重要であること、などが明らかにされた。

②自然景観中での視距離の変化に伴う建築物色彩の視認特性を把握した。明度では、低明度の色彩は視距離の増大につれて急激に上昇すること。8.5を越える高明度の色彩は変化が少なく、背景に融和しにくいこと、彩度は一般に視距離の増大に応じて低下するが、高彩度の色彩ほど低下が著しいこと、色相は評価に大きな影響を与えるような変化はないこと、などが明らかになった。

③建築物を対象とした視距離の分類を検討し、近景域（視距離0.5km以下）、中景域（同0.5～1.6km）、遠景域（同1.6～4.0km）の3分類を行った。

④「色彩」要素を含めた建築物のデザイン要素が視距離の違いによって景観の総合評価にどのように影響するかを明らかにした。その中で、色彩は近景域で最も影響が大きく、中景域でもある程度の影響があることが明らかになった。

⑤建築物の色彩を検討する場合、風景地の景観享受の基本となる眺望景観を対象としたとき、建築物と背景とが「図と地の関係」として認識され、なおかつ色彩の影響の及ぶような、色彩要素の検討に適した視距離として、中景域（同0.5～1.6km）での検討を中心とすべきであるという結論を得た。

5．自然風景地内における建築物の使用色彩とその評価

本章では、実際の自然風景地においてどのような色彩が使用されているかという現況を全国規模で把握整理するとともに、景観管理の専門家としての国立公園管理官に評価をお願いし、各色彩の種類ごとの現場での評価特性を明らかにした（以下「全国調査」と称する）[7]。さらに、地域性や立地性による出現傾向の違い、材料による使用色彩の傾向なども分析した。

方法として、全国24国立公園、75集団施設地区の1368件の建築物について、色彩の使用状況調査および現場（近景域）での評価を国立公園管理官の協力を得て実施し、風景地建築の色彩の出現傾向とその評価の分布を、屋根と外壁について把握した。基本となる調査は1980（昭和55）年に実施したが、追跡調査を行うことによりその後の変化傾向を把握した。

集計は「系統色名による色彩分類」の中分類レベル（色立体を92のブロックに区分する分類法）に従い、各色彩ブロックごとの出現件数（出現割合）、評価（適、不適の割合）を屋根と外壁それぞれ求めた。その結果、色彩の評価特性の基本となる近景域でのデータが得られた。具体には以下の事項が明らかになった。

①屋根の色彩は5．ブラウン系、2．赤系、24．ダー

クグレイ系で評価が良く、出現頻度も高い。10. 黄緑系から11. 緑系にかけては低明度・低彩度のものが良く、黄色味が増すほど（9. オリーブグリーン系に近いものほど）評価が良い。逆に青味が増すほど評価が悪くなり、14. 青系は出現頻度が多いにも拘らず、評価はきわめて悪い。

②外壁の色彩は、出現数としては21. 白系、6. 黄色系、4. ベージュ系といった高明度・低彩度色が最も多く、次いで5. ブラウン系などの低明度色で多くなっている。前者のグループでは明度が高すぎる21. 白系の評価が悪く、その他の高明度色もあまり良いとはいえない。後者のグループは一般に評価は良い。その他、3. オレンジ系など高彩度色も僅かではあるがみられ、評価は比較的良い。

③色立体上での検討の結果、評価の高い領域が連続的に把握され、また、屋根の色彩ではY断面の低明度領域の色彩など、いくつかの領域で調査の必要性が指摘された。

④材料では、トタン屋根と21. 緑系、瓦屋根と22. ライトグレイ系～24. ダークグレイ系、外壁では、モルタルや吹き付けタイルで21. 白系や4. ベージュ系、6. 黄色系の高明度・低彩度トーンの色彩、木材とdarkトーンやdeepトーンの色彩というように、その材料に使われやすい色彩の傾向が明らかになった。

⑤色彩に関わる諸条件を含めた総合的な分析では、近畿・山陽・四国地方や北陸・山陰地方の海岸で瓦屋根を備えた民家型の特徴的なグループが存在すること、湖畔型では11. 緑系や14. 青系の屋根を備えた評価の悪いグループがみられることなどが、明らかにされた。

⑥1980年以降の傾向としては、トタン屋根の減少、カラートタンやカラーベストの増加により、評価の悪い11. 緑系が減って、評価の良い2. 赤系や24. ダークグレイ系が増加していること、外壁では、主流がモルタルから吹き付けタイルに移行し、それに伴って高明度色のグループの中で4. ベージュ系が増えるといった変化が生じていること、タイルの使用が広がってきていることなどが明らかになった。

6．現地における建築物の色彩評価

本章では、実際に被験者（調査員）を自然風景地のビューポイントに同行させ、実際の景観を対象に評価を行った（以下「現地調査」と称する）[8]。前章での調査が現場の至近景（近景域）から行われたのに対して、この調査は、これまでの研究成果を踏まえて、建築物と背景とが「図と地の関係」として認識され、なおかつ色彩の影響がありながら素材の影響が及ばないという、色彩要素の検討に適した中景域（同0.5～1.6km）から評価を行い、近景域での評価特性との違いを明らかにした。

さらに、前章の調査では建物の色彩が景観の質に及ぼす影響度や色彩の良否の判断が中心であったが、現地での評価ではより細かなニュアンスや総合的な雰囲気に基づく判断が可能であるため、SD法によるイメージ調査を適用し、各色彩の評価を多面的に把握することを目的とした。

調査対象地として、富士箱根伊豆国立公園の河口湖地域、山中湖地域、箱根仙石原地域、日光国立公園中禅寺湖地域を選んだ。調査者（被験者）は東京農業大学造園学科の学生および教員で、富士箱根地域が合計30名、日光地域が35名であり、富士地域の調査者は全て日光地域の調査者を兼ねている。

視距離や照明条件（日射の方向など）の枠組みを厳密に設定して実施したため、室内実験では得られない精度の高いデータが得られた。

19組の形容詞対（7段階の評定尺度）からなる調査用紙を準備し、対象建築の屋根または外壁の色彩を対象にそれぞれ調査を実施した。屋根は勾配屋根（切妻、寄棟形式）を選び、外壁には屋根のあるもの、および外壁のみ（陸屋根形式）のものの両方を含めた。同時に対象の色彩（観察地点からの見かけの色彩）を「JIS標準色票」（日本規格協会）を使用し、間接的な視感比較方法で測定を行った。

屋根54件、外壁24件の有効サンプルが得られた。得られたデータは、各対象ごとに、被験者の平均値を求め、形容詞対の評定値（19個）を変量、対象建築（屋根54件、外壁24件）をサンプルとする因子分析処理を、屋根、外壁それぞれ別個に行った。

その結果をまとめると次のようになる。

①自然風景地の中景域における建築物色彩の評価の視点として、屋根では「評価性・調和度」および「洗練度・近代性」が、外壁では「調和度」および「評価性」が導かれた。

②屋根の色彩で、「評価性・調和度」の高い色彩として、

グレイに近い［黄緑圏］や［緑圏］の色彩、およびグレイに近い［茶色圏］や［赤圏］の色彩があげられ、評価の低い色彩として、［白圏］および［青圏］、［青緑圏］、さらに彩度6以上の高彩度の色彩があげられた。

③屋根の［ピンク圏］［赤圏］では、低彩度・低明度のlight grayishトーン、grayishトーンの評価が良い。

④屋根の色彩で近景域との評価が異なるものに［オレンジ圏］［ブラウン圏］がある。近景域で評価の良かったdeepトーンなど比較的彩度の高い色彩が、中景域では評価が低下する。したがって、［オレンジ圏］は評価が悪く、［ブラウン圏］も低彩度のものが評価が良い。

⑤屋根の［黄緑圏］［緑圏］では低彩度色（彩度4以下）で評価が高く、逆に高彩度色はきわめて悪い。低彩度色の中では黄みが加わるほど評価が良くなる。

⑥屋根の無彩色では［白圏］の評価がきわめて悪い。

⑦外壁の［ピンク圏］［赤圏］では低彩度・低明度のものほど評価が高まる。

⑧外壁の色彩で近景域との評価が異なるものに［オレンジ圏］［ブラウン圏］がある。近景域で評価の良かった高彩度のstrongトーンやdeepトーンが中景域においては評価が悪く、彩度の低いものほど評価が高まる傾向が見られる。特にBR-9（grayish brown）は最も評価が良い。

⑨［黄色圏］は彩度の高いものはきわめて評価が悪く、低彩度のクリームも中景域では近景域より低下する。

⑩［白圏］の評価はきわめて悪い。

7．カラーシミュレーション画像による室内実験

本章では、カラーシミュレーション画像を使用し、室内実験を実施した（以下「室内実験」と称する）[9]。これまでの調査で明らかになった屋根および外壁の色彩について、代表色のイメージや評価を検証するとともに、微妙な色彩の変化で評価が大きく変化する屋根の黄緑〜青緑系の色彩や外壁グレイ系の明度について、一対比較法によりやや詳しく調査した。

実験に先立ち、これまでの調査結果から次のような実験の前提あるいは目的を設定した。

①実験に使用する色彩の種類は現在ある程度頻繁に使われているものの中から選定し、これまでの調査で得られた各色彩の評価を検証することを主目的とする。

②屋根に使われた赤系〜オレンジ系、黄緑系〜青緑系の色彩は、色相や彩度のわずかな変化によっても評価が大きく変動する傾向にあるため、それらの領域の色彩の評価について詳しく調査する。

③外壁の色彩については、グレイ系〜白系における明度変化に応じた評価の違いを調べる。

色替えサンプルのモデルとなる景観スライドは、富士箱根伊豆国立公園箱根地域で2種類、下田地域で1種類撮影した。

中型カメラの標準レンズを使用したが、視距離については、スライド実験という性格上、対象建築があまりに小さいと色彩の判別が難しくなるので、近景域から中景域にかけての300m〜600mに設定した。

この3種類の景観画像のそれぞれについて、㈶日本色彩研究所が開発したカラーシミュレーターを使用し、シミュレーション画像を作製した。カラーシミュレーターは映像上の任意の部分の明度、彩度、色相を自在に変化させることができるもので、本調査においては、背景を自然色のままに固定し、屋根と外壁部分のみを変化させた。このシミュレートされた映像を35mmのカラースライドに撮影し、実験調査用のサンプル画像とした。

以上の一連の実験は、東京農業大学造園学科3〜4年次生計45名を被験者として実施した。

一連の実験の結果、以下の点が明らかになった。

①屋根の色彩として安定した好ましい評価を得られるものとして、グレイ系、赤系の彩度の高くないもの、明るいブラウン系をあげることができる。逆に評価の悪い色彩として、青系、彩度の高い緑、高彩度の赤やオレンジがあげられる。

②現地での調査結果と比較すると、高明度のものが評価が良く、低明度のものはかなり評価が低下する傾向がみられる。彩度についても、やや高めのものが評価が良くなっている。dark brownのように明度・彩度を落すことによって得られるカムフラージュ色が、スライド画像では「美しくない、嫌いな」というように判断される傾向が認められた。こうしたことから低明度の色彩の評価は実験で得られた結果より多少好ましい方向で受け取る必要がある。

③赤系の屋根については、彩度さえ高くなければ明度6程度のdeep pinkに近いものでもかなり良い評価が得られている。逆に低明度のもの（dark red）はやや評価が低い傾向にある。

④ブラウン系をみると、明るい茶（light brownなど）は非常に好まれる色彩であるが、やや落着きに欠ける側面も備えている。逆に暗い領域の茶は落着き（調和度）の面では勝るが、好みの面では劣っている。この傾向は、現地調査の因子分析でも多少みられたものであるが、スライド実験では、より顕著に現れるようである。

⑤黄緑系～青緑系については、黄みを帯びた低明度のもの、すなわちolive greenに近いものが好ましく、逆に青みを帯びたものの評価が悪いという結果が得られた。この傾向は全国調査でもみられたもので、その特性が改めて検証された。

⑥不適当な色の代表として青系があげられる。全国調査においても出現頻度の高い色彩であったが、いずれの実験においても最低またはそれに近い評価が得られ、明らかに不適合色と結論できよう。また青系に近い領域にある青緑系なども青味が増すほど評価は低下する。

⑧陸屋根建築のグレイの外壁については、明度8.5～6.5が最も評価の良い領域であるという結果がでたが、これも、スライド実験の特性から考えるとやや低めに捉えるのが妥当であろう。

7. 調和領域の明確化

本章では、応用研究で実施した3つの調査結果で得られた各色彩の評価特性、および基礎的分析で得られた色彩景観の構造や評価構造に関する知見をもとに、自然風景地における建築物の屋根と外壁の景観調和色の範囲（閾値）を求めた。

範囲設定においては、次のような考え方（原則）に基づき実施した。

①全国調査が色彩の中分類レベルで色彩の全領域にわたって詳細に調査されているので、これを領域設定の基本とする。

②自然風景地としての建築物色彩の評価は、眺望景観として背景との関係において判断される中景域からの評価を基本とし、サンプルが欠けている領域については、中景域と近景域の評価特性の違いに基づき、近景域の評価から判断する。

③視距離の変化による色彩の見え方（大気のフィルター効果）を考慮し、現場レベル（近景域）での色彩領域設定を行う。

さらに、各調査において認められた評価の傾向や特性を考慮した。

①近景域でなされた全国調査では、材料との関係において「見慣れ」の影響が認められたので、それを考慮した。

②カラーシミュレーション画像による室内実験は、スライド画像という性格から、低明度色や低彩度色がやや低めに評価され、逆に高明度色や高彩度色が高めに評価される傾向が認められたため、このズレも判断に含めた。

これらに留意しながら、自然風景地の建築物の色彩としてふさわしい色範囲を検討した。

以上の調和色の領域は、色立体上に位置付け、屋根・外壁それぞれ10面の断面図（等色相面）に図示した。

8. まとめ

（1）建築物色彩景観の構造と評価の観点について

①風景地における建築物の景観把握モデルを検討した結果、様々な建築物の概観デザイン要素の中で、色彩要素の位置付けが明らかになった。景観設計に関わる景観のスケールにおいては、色彩要素は中スケール（地区レベル）から小スケール（地点レベル）において影響し、材料（素材）の要素と密接な関係があることが明らかになった。

②建築物の色彩を対象とした景観の視距離の分類を行い、建築物と背景が「図と地の関係」として（風景の中の添景として）認識・評価される視距離として「中景域」（0.5～1.6km）が導かれた。

③視距離の変化に応じた建築物色彩の見え方を、色彩の3要素（明度、彩度、色相）に着目して計測し、その変化特性を把握した。低明度色、高彩度色の変化が大きく、色相は目立った変化がないことが明らかになった。

④建築物を含む景観の総合評価に関わるデザイン要素の影響度分析を行い、色彩要素の影響度が、分類された視距離の段階別に明らかにされた。色彩要素は近景域で最も大きく、中景域でもある程度の影響があることが明らかになった。

（2）建築物色彩の評価特性について

①全国75集団施設地区の近景域からの調査により、色彩の出現率（使用状況）、及びその評価が、色彩ブロックの中分類レベルで明らかになった。

②建築物色彩の評価特性は屋根と外壁では異なっている。

屋根の色彩で評価の高い領域は全般に明度が低めで、ブラウン系、低彩度の赤系、オリーブグリーン系、ダークグレイ系にみられる。

③出現頻度の高い黄緑系から緑系にかけては評価が微妙で、黄色味が増すほど評価は高まり、青味が増すほど評価が低下する。また、彩度が高まると評価は大きく低下することが明らかにされた。青緑系から青系は出現数が多いものの評価は全般に低いことが明らかになった。

④外壁の色彩の評価の高い領域は、大半がベージュ系、黄色系、ライトグレイ系など高明度・低彩度領域に集中し、ブラウン系やダークグレイ系の低明度領域にも分布するが、屋根に比べると狭い。白系は出現数が非常に多いが、視距離によっては評価が大きく低下することが認められた。

⑤評価の観点に由来する評価特性の違いが、オレンジ系やブラウン系の高彩度領域や、白系など高明度領域で認められた。すなわち、近景域では材料の「見慣れ」による判断がなされるため、多少派手な色彩であっても材料によっては高い評価が得られるが、中景域では周囲の景観との関係で判断がなされるため、評価が低下する傾向がみられた。

（3）屋根と外壁の色彩の調和領域について

①一連の色彩評価特性に関する調査および色彩景観の構造研究の成果を総合化し、屋根と外壁の色彩の調和領域を中分類レベルで明らかにした。また、その結果を色立体上に位置づけ、10面の等色相断面図で表示した。

②屋根の色彩の調和領域は、赤系（彩度6）、ブラウン系（同5）、オリーブ系（同5）、オリーブグリーン系（同4）、緑系（同3）と彩度が次第に低下していく。グレイ系など無彩色も含めて明度は6以下である。

③外壁の色彩の調和領域は、赤系（彩度5）、ブラウン系（同6）、オリーブ系（同4）であり、これらは基本的には明度6以下の領域である。またベージュ系や黄色系の低彩度領域（クリーム）、ライトグレイ系など無彩色では明度8以下である。

9．おわりに

本研究は、色彩景観の構造をと色彩要素の影響を明らかにする中で色彩景観検討の枠組みを明確化した上で、建築物と背景とが「図と地の関係」で認識・評価されるような中景域の景観における標準的な大きさの建築物を対象として、建築物色彩の評価特性を把握し、色彩調和の領域を導いたものである。こうした条件の下では、自然景観を損なわず、同時に建築物の存在もある程度肯定した色彩の調和領域が導き得たと考える。

しかし、色彩景観に影響を及ぼす要素要因は非常に多く、まだ充分に解明できていない部分も少なくない。例えば、景観の構造面では、見かけの大きさによってもたらされる色彩の「面積効果」などは、その代表例であろう。

また、観察者側の評価構造についても、中景域におけるイメージ調査の因子分析によっていくつかの評価軸が抽出されたが、視距離を変えた場合にどのように変化するのかは明らかでない。スライド画像による室内実験では、実際の画像との評価特性の違いも観察されたが、これらについても詳細な分析が求められる部分である。さらに、屋根と外壁の色彩の組合せや、建築群における色彩のまとまり（バラツキ）の範囲など、残された研究課題は少なくない。

一方、本研究は緑の夏景色を背景としたものであったが、スキーリゾートなど雪景色における建築物の色彩問題も重要である。全体が無彩色の世界となるため、より幅広い色彩が許容され、さらに景観評価の視座自体が夏景色とは全く異なっている可能性もあり、興味深い研究テーマである。

このように残された研究課題は少なくないが、これまでの研究を基礎にしながら、可能な部分から次のステップへの展開を図りたいと考えている。

最後に、本論は東京農業大学に提出した学位請求論文「自然風景地における建築物の色彩景観調和技術に関する研究」[10]の概要をとりまとめたものである。直接ご指導を賜った東京農業大学造園学科の鈴木忠義教授、塩田敏志教授、進士五十八教授、それに㈶日本色彩研究所の児玉　晃先生には心より御礼申し上げる次第である。

なお、本研究は昭和55年度（1980年）に環境庁の委託研究として実施された「自然景観地における色彩基準に関する研究」（委員長：永嶋正信東京農業大学教授）[11]において実施した調査研究の成果によるところが少なくない。永嶋正信教授をはじめ、西川生哉、矢野　武、平井敏夫、柳瀬徹夫、六谷新の各氏など㈶日本色彩研究所のスタッフの方々の御指導・御協力を得た。一方、全国調査においては、各国立公園に駐在する環境庁国立公園管

理官（パークレンジャー）の方々の御協力を頂いた。ここに改めて感謝の意を表したい。

文献

1) 熊谷洋一（1988）：景観アセスメントにおける予測評価手法に関する研究（Ⅰ）（Ⅱ），東大農学部演習林報告，78, 97-245.
2) 進士五十八・麻生 恵（1979）：風景と建築との調和技術（上）（下），国立公園，No.356, 359.
3) 麻生 恵・進士五十八・永嶋正信・西川生哉・児玉 晃（1983）：風景地建築の色彩基準の設定に関する研究，造園雑誌，47（2），87-111.
4) (財)国立公園協会（1987）：自然公園内環境融和色に関する調査報告書，東電設計㈱・(財)国立公園協会.
5) 井内正直・斎藤 馨・藤田辰一郎・油井正昭（1989）：自然景観地における色彩調和に関する基礎的研究，造園雑誌，52（5），229-234.
6) 麻生 恵・横井昭一（1993）：自然風景地における建築物デザインの色彩の視認 特性と色彩要素の景観評価への影響について，東京農業大学農学集報，38（3），138-147.
7) 麻生 恵（1993）：国立公園地域内における建築物の使用色彩とその評価について，東京農業大学農学集報，38（4），335-358.
8) 麻生 恵・芦沢貴男（1994）：現地におけるイメージ調査による自然風景地建築の色彩評価について，東京農業大学農学集報，39（1），40-54.
9) 麻生 恵・児玉 晃・矢野 武（1981）：風景地建築の色彩イメージについての実験的研究—カラーシミュレーション画像による—，色彩研究，28（2），10-20.
10) 麻生 恵（1996）：自然風景地における建築物の色彩景観調和技術に関する研究，造園学論集，別冊No.1.
11) 永嶋正信・進士五十八・麻生 恵・児玉 晃・西川生哉（1981）：自然景観地における色彩基準に関する研究報告書，環境庁委託業務報告書，アセス㈱.

3. モデルスコープシステムの開発と造園模型シミュレーション

The Utilization of Modelscope System and Simulation for Landscape Architectute

東京農業大学地域環境科学部造園科学科

麻生　恵

Megumi ASO Dept. of Landscape Architecture Science
Faculty of Regional Environment Science
Tokyo University of Agriculture

The development and utilization of Modelscope System and its simulation in the field of landscape architecture has been carried out in the middle of the 1980s at the Department of Landscape Architecture, Tokyo University of Agriculture. It is discussed meanwhile various landscape simulations had been developing, the significant and purpose of Modelscope System development, referring results of researches, and its technology for the landscape simulation for landscape planning, landscape design and landscape architecture.

1. モデルスコープシステム開発の背景

1984（昭和59）年、土木分野の景観工学提唱者である鈴木忠義東京農大教授（当時）の発案のもと、東京農業大学農学部造園学科において、モデルスコープシステムの開発[1]が始まった。

「モデルスコープシステム」とは、内視鏡の一種であるモデルスコープと、それを造園模型内に挿入し、模型内をスムーズに移動したり首振りなどを行うための機械装置、それに、アイレベルの景観画像を取り出すための撮影装置を組み合わせたシステムのことである。

当時、景観アセスメント技術の開発に向けた景観予測手法がいくつか開発され始めた時期で、それまでにもコンピュータグラフィックスやカラービデオシステム、環境画像処理システムなどが開発・提案されていた。しかし、コンピュータグラフィックスも大型コンピュータの使用が主流で、今日のようにデスクトップレベルのコンピュータが自由に使える環境にはなかった。

また、取り扱う内容も、眺望景観のような現場で撮影した立面的画像（シーン景観）の中に、新たに建設される構造物を合成することによる景観予測が中心であった。

当時熊谷[2]は、景観予測における計画のレベルを「地域レベル」「地区レベル」「地点レベル」に区分し、それぞれにおいて取り扱う情報の質を「平面的情報」「立面的情報」「3次元的空間情報」に分類していた。この分類に従うならば、それまでの景観予測は主に「立面的情報」を中心に取り扱われてきていた。そんな中で、より下位レベルの「3次元的空間情報」にも対応できる景観予測手法の開発が求められていた。3次元的空間情報の景観画像は、立体的な空間の中を移動したり首振りをすること、すなわちシークエンス画像によって表現することができる。しかし、当時の技術では、シークエンス画像を作成するためには大変な作業を必要とした。とりわけ、庭園や公園などの空間は樹木などの植物材料が多くを占め、コンピュータによる予測が難しい部分であった。

一方、造園模型はマッスとしてのボリューム感や質感を各パーツが具えているという点で、3次元的空間のシミュレーションの手段として他の手法にはみられない大

出　典：麻生　恵（2007）：モデルスコープシステムの開発と造園模型シミュレーション、特集「都市のビジュアルシミュレーション」、都市計画56（6）、25-28

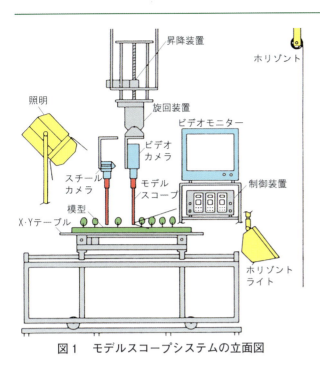

図1　モデルスコープシステムの立面図

写真1　モデルスコープシステムによる撮影風景

変優れたものがある。模型のこうした特長に着目し、さらにモデルスコープという光学器具を活用することによって、比較的容易にこうしたレベルでの景観予測手法の開発が可能になるのではないかというのが第一の動機であった。

また、建築の分野においては模型の利用法として、表現の手段としての「プレゼンテーション模型」に加えて、設計の道具としてのいわゆる「スタディ模型」としての活用がしばしば行われていた。模型をアイレベルで覗くことが可能な本システムの開発は「造園設計」研究における新たな設計技法の開発の道を開く可能性を秘めていると考えられた。この造園設計の道具としてのモデルスコープシステムの実用化が第二の動機であった。

2．モデルスコープシステムの開発プロセス

モデルスコープ（オリンパス社製）という光学器具は、プリズムとリレーレンズを組み合わせた内視鏡の一種で、先端を模型内部に挿入することにより、観察者があたかも模型内に立って眺めているようなアイレベルの景観画像を取り出すことができる。モデルスコープやファイバースコープなど内視鏡の単体としての利用はそれまでにも建築分野などにおいてしばしば活用されてきた。

空間模型にモデルスコープを適用する場合の条件として、先端からレンズの中心までの寸法（これによってアイレベル画像が得られる模型のスケールが決まる）、先端の口径、レンズの明るさ（照明の規模に影響）と被写界深度（模型のスケールに影響）、チルト機能の有無（仰瞰・俯瞰の可否）、画像の歪み度、などがあげられる。

これらの中で米国製（シュノーケル社）のものはレンズも明るく画像の歪みも小さい。また、先端にチルト機能が備わっているのが他にはない特長であった。しかし、スコープの口径が大きいこと（先端で約20mm）、価格が高いことが最大の難点であった。それに対して当時、国産製（オリンパス社製）のスコープが開発されたが、これは口径も小さく（先端部で10mm）、価格も大変安い（米国製の1/20）であった。チルト機能は備わっていないが、造園模型においてはそれほど大きな欠点にはならないと判断した。むしろ、アイレベルが3mm（人間の目の高さを1.5mとすると1/500のスケールまで対応できる）にとれるのが大きな特長であった。こうしたことから、この国産製を利用したシステムの開発を行うことになった。

モデルスコープにより3次元景観シミュレーション画像を得ようとする場合、模型内に挿入したスコープの先端をスムーズに移動させたり、首振りを可能にし、さらにそれをビデオ画像として記録する装置の開発が必要である。

こうした機能を有する代表的なシステムとしてD.アプリヤードらの米国カリフォルニア大学バークレイ校における環境予測実験室（Environmental Simulation Lab）の設備があり、その成果も報告されていた。また、国産のシステム（ナック社製）も開発、市販されていた。しかし、アプリヤードらのシステムは非常に大がかりなものであり、国産のシステムも米国製のスコープを使用していてかなり高価であることが明らかとなった。そこで、

筆者らが独自に開発することとなった。

システムの提案は東京農業大学図書館視聴覚部の技術スタッフであった伊藤敏朗氏（現東京情報大学准教授）に、撮影架台等ハード面の設計製作は（有）森田工房の森田正一氏にお願いした。写真1および図1が筆者らが試作したシステムである。費用は総額700万円程度と比較的安価に開発することができた。

視点の移動についてはスコープを動かすことを考えがちであるが、振動による画像のブレが予想以上に大きいことが分かったため、発想を変えて水平方向（X軸、Y軸方向）の移動は模型を乗せるテーブル自体の移動で操作することにした。昇降（Z軸方向）および旋回（首振り）は天井から吊り下げたカメラの動きで行うことにしたのが本システムの大きな特徴である。撮影装置として、35ミリスチールカメラ、およびビデオカメラが装着可能であるが、もっぱらビデオカメラの使用が中心となった。

付属設備として、照明（1キロワット×2個、補助灯3個）、背景（ホリゾンペーパー）、背景用照明（ホリゾンライト）、モニターテレビ、視点移動用コントロールボックス、模型冷却用スポット式クーラーなどが加わってシステムが構成された。

また、模型好きの学生が研究室に多数結集して、性能試験に使用する様々なスケールの造園模型や樹木のパーツなどが制作された（写真2）。

システムは、東京農業大学の造園製図室の一角に設置され、造園設計学の教育にも活用されることになった。

3．モデルスコープシステムの性能

以上のような期待を担って開発・実用化されたモデルスコープであるが、システムの完成後、早速性能試験を実施した。

1つは、模型のスケール（縮尺）と映像の再現性の関係についての試験[1]である。先ずはアイレベルの限界の高さ（模型内で3mm）である1/500スケール、それに1/200スケールの造園模型（新宿御苑）を制作し、現場の同じ視点から見た実際の映像との差異を検証した。先ず、1/500スケールでは被写界深度の影響が表れ、アイレベルに視点を設定すると手前（近景部分）のボケが目立った。また、低木などのパーツについても1/500スケールではテクスチャーなどの表現に限界があることが明らかになった。一方、1/200スケールでは（写真3A、

写真2　模型制作風景

写真3A　新宿御苑の実景風景　　写真3B　1/200模型によるシミュレーション画像

写真4A　農大構内の実景風景　　写真4B　1/100模型によるシミュレーション画像

写真5A　農大構内の実景風景　　写真5B　1/100模型によるシミュレーション画像

写真6　街路樹景観シミュレーション実験右斜方視　　写真7　街路樹景観シミュレーション実験前方視

図8　街路樹景観の景観シミュレーション実験

写真3B）近景部分のボケもあまり気にならず、またパーツの表現も問題にならないことが明らかになった。その後、1/100スケールの大学構内を対象とした精巧な模型を制作し、同様に比較試験を行ったが、このスケールでは被写界深度も全く問題にならず、完璧に近い再現性を得ることができた（**写真4A、写真4B、写真5A、写真5B**）。

次に、モデルスコープシステムで作成したシークエンス画像による空間情報伝達機能の検討と街路樹設計へ適用に関する研究[3]を行った。1/100スケールの街路および街路樹のパーツを作成し、街路樹の間隔や枝下高を変えたシークエンス画像を作成し、その機能の効果と、景観（空間）設計の道具としての可能性が示唆された（**写真6、7、8**）。

これら一連の試験や経験から、1/100スケール以上の精緻な模型を用いれば、景観や空間のシミュレーション技術としてはモデルスコープシステムは、一定の性能を有することが明らかにされた。

しかし、実務等への実用化という側面からみると、沢山の問題を抱えていた。第一には、模型制作に大変な労力と技術を要すること、第二に画像の撮影にあたって照明技術など経験と熟練を要すること、システムが大きすぎ、また照明に大容量の電力を要するなど手軽に利用できないこと、等々である。

これらの問題を抱える一方で、コンピュータ技術の発展、コンパクト化が進み、景観や空間のシミュレーションの道具としての価値は、相対的に低下していったと考えられる。

4．設計の道具としての可能性

1990年代に入り、高梨[4)5)]はモデルスコープシステムの設計の道具としての可能性について次のような考察を行った。モデルスコープシステムのもう1つの特長は景観シミュレーション機能とともに、実体モデルとしての側面を有していることである。すなわち、模型づくりのプロセスを体験しながら空間設計を進めることが可能だということである。後者はコンピュータ技術とは全く異なるものである。

モデルスコープシステムの恒常的な性質とは何か、それはモデルスコープシステムが模型に立脚する手法である、ということである。模型はそれ自身、景観シミュレーション手法であり、また種々の手法の中で3次元の実体をもつ、いわば現実の空間の相似形である。そのため、景観という視覚的性質以外にも、様々な事象、物象のモデルとしての性質を複合的に包含している。この部分の意味を十分に考えることが、モデルスコープの存在意義を再評価することにつながる。

文　献

1) 麻生　恵・鈴木忠義・小林正幸（1986）:「モデルスコープシステムの実用化と景観の再現性について」、造園雑誌49(5)、173-179
2) 熊谷洋一（1984）:「景観予測手法としてのカラービデオシステムの実用化」、造園雑誌47(5)、213-218
3) 濱野周泰・麻生　恵・北沢　清（1987）:「モデルスコープシステムによる街路樹の植栽パターンの分析について」、造園雑誌50(5)、137-142
4) 高梨　匠（1993）:「モデルスコープシステムによる造園景観設計手法論」、東京農業大学修士論文、東京農業大学大学院造園学専攻
5) 高梨　匠・鈴木忠義・麻生　恵（1993）:「モデルスコープシステムによる造園景観設計手法の基礎理論的研究」、平成5年度日本造園学会関東支部大会研究・報告発表要旨、51-52

第2章
各地域での取り組み

1-1. 高山植生の復元技術の開発
―新潟県巻機山の雪田草原復元を事例として―

東京農業大学
栗田　和弥

1．雪田草原の特徴と植生破壊

　多雪地帯における山岳の高山帯ないしは亜高山帯には、雪田植生（以下「雪田草原」と称する）が分布している。この植生は季節風の風下側の吹き溜まりの斜面に発達し、多量の積雪による強い雪圧や、融雪時期の遅れによる短い生育期間に適応した「地形的極相としての高山草原」（石塚ら、1975）[1]といえる。雪田草原を構成する群落として、ヌマガヤ-イワイチョウ群集、ヌマガヤ-ショウジョウスゲ群集などが報告されている。

　雪田草原の破壊の多くは、登山者の踏み付けによって発生する。大部分が傾斜地に分布するうえに、雨天時や融雪期の登山道はぬかるんで大変滑りやすくなるために、登山者はやむなく裸地と草地の境界付近を歩いてしまう。その部分が完全に裸地化すると、さらに外側の植生帯に踏み込む。この繰り返しによって雪田草原の裸地化は急激に進行し、急傾斜地では登山道の幅が10m以上にも及ぶところもみられるようになる。さらに裸地化によって豪雨時の侵食作用が活発化し、表土が流失して心土や岩礫が露出するだけでなく、洗掘溝が発達して、そこから運び出された土砂による植生や池塘の埋没といった二次的な破壊も発生する。以下に、新潟県巻機山における雪田草原の復元の方法と、その回復過程について概説する。

2．巻機山における雪田草原復元に向けた取り組み

　新潟県と群馬県の県境に位置する巻機山（1,967m、魚沼連峰新潟県立自然公園）の頂上付近には広く雪田草原が広がっている。昭和40年代の第一次登山ブームの時期に登山者の踏み付けにより大規模な植生破壊が発生し、侵食土砂による池塘の埋没など、美しい山岳の景観も大

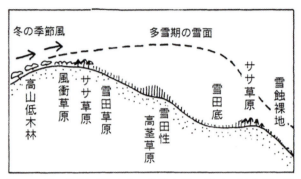

図1　雪田草原が発達する巻機山頂上付近の植生断面模式図

写真1　巻機山の自然を代表する雪田草原

写真2　裸地の拡大から心土の露出にまで進行した植生破壊（1976年）

出　典：麻生　恵・松本　清・栗田和弥・鈴木貢次郎（2007）：環境修復の技術―地域環境科学からのアプローチ―、第5章　高山植生の復元技術の開発、東京農業大学地域環境研究所編、東京農業大学出版会

きなダメージを受けた。

1976（昭和51）年に公益財団法人日本ナショナルトラスト（当時の㈶観光資源保護財団）の委託を受けた東京農業大学造園学科風景計画学研究室による本格的な調査が行われ、翌年（1977年）から農大教員らのボランティアを中心とした植生復元活動がスタートした。その後、県や地元との良好なパートナーシップを築きながら今日に至っている[2]。

巻機山では一連の復元活動を、単に破壊された植生の復元だけでなく、登山道整備や土砂で埋まった池塘の浚渫など、景観的な側面の修復にまで拡大し、「景観保全活動」と称して総合的・継続的な環境管理活動を展開してきた。

また、2001年からは農大プロジェクト研究がスタートし、これまでの成果を科学的に検証するためのデータの蓄積および復元手法開発のための試みがなされた。

3．植生復元の方法

一連の活動のなかで、植生復元に関係する項目を、活動の推進に関わるソフト面にまで広げて整理すると下表のようになる。

表2　雪田草原復元にむけての検討項目

A．表土残存地の緑化対策
①播種（材料と方法）
②移植（材料と方法）
③自然回復の促進（踏み込み防止対策等）
④土壌流出防止対策（緑化ネット）
B．表土流失地の復元対策
⑤緑化基盤工（工法、客土材料）
⑥客土に伴う外来種対策
C．復元システム全体
⑦材料の量産化・供給体制づくり
⑧効率的な施工方法（植生マットなどの開発）
⑨復元事業の実施方法（ボランティアの体制、行政とボランティアの連携など）

1）植生復元の方法

巻機山の植生復元活動は長年の歳月のなかで、試行錯誤を重ねながら6つの方法で植生復元を実施してきた。このような多種の方法をとった理由は、復元対象地の表土の有無、地形、傾斜度合いなどの条件が複雑なこと、復元材料に限りがあること、その間に手法の新たな発見があったことなどによる。

復元の方法には移植と播種があり、使用する草種は、雪田草原構成種の移植および播種実験や復元活動を通じて得られた観察結果[4]をもとに選定した。ただし、移植は材料調達に限界があるため常時行えるわけではなく、現在は播種が主流になっている。

写真3　流入した土砂で埋まった池塘（1976年撮影）

表1　巻機山植生復元活動　37年間の変遷[3]

（1）移植による植生復元

表土残存地・植生株埋め込み型

移植の場合は、一方の自然を再生するために、もう一方の自然を犠牲にするという矛盾をクリアしないと実施は困難である。巻機山の場合は、人為により土砂で埋まった池塘に繁殖したヤチカワズスゲを用いることでこの問題をクリアした。ヤチカワズスゲは先駆種としての性格があり、裸地の復元材料として適している。

【復元の手順】泥炭土が露出した裸地に約25cmの間隔で20×15cm程度の穴を掘り、池塘跡から掘り出したヤチカワズスゲの株を植え付けた。穴と株の大きさが一致しない場合は、株を整形したり、指先や突き棒で隙間に土を入れながら根締めする。

【成　果】この方法を実施した時期は20年以上前のことで、移植株間の裸地部分を十分養生しなかったためその部分の表土が流失し、移植株が谷地坊主状に浮き上がってしまった。この場合は、コモや緑化ネットで被覆（マルチング）し、メンテナンスを怠らなければ、時間はかかるが植生回復は期待できる。ここでは、10年以上経って移植株のなかにヌマガヤの実生苗が侵入し、ヌマガヤが優占するかたちで回復に向かっている。ただし、外見上は草原に戻ったが、構成種を調べると完全には復元していない。

表土流失地・植生株客土型

泥炭土壌が流失し、心土や砂礫が露出した立地に植生株を含めて客土する方法である。本来、移植による復元は表土残存地に限られるが、ある発見からこの方法を開発した。

【復元の手順】埋まった池塘の堤部を嵩上げして水が溜まったところに繁殖したエゾホソイの株を粘土質の土壌

写真4　移植直後のヤチカワズスゲ

表3　雪田草原の復元材料とその評価及び特性

植物名	個体採取難易の度	活着難易度	活着後の生長	外観	植被度	特　性
1. ヤチカワズスゲ *Carex omiana* FR. ET SAV.	◎	◎	◎	△	◎	採取が容易で（9月上旬）、発芽率は高い。入手も容易。移植後はよく活着し、生長は湿潤地で旺盛。緑化材料としては使いやすい種であるが、硬い泥炭土壌での植被の広がりに難点がある。また、比較的早期から葉の枯れ込みが目立つ。
2. ワタスゲ *Eriophorum vaginatum* L.	×	◎	◎	◎	△	生育地が水辺地に限られていて、種子や苗の採取にやや難点があるが、生長は湿潤地できわめて旺盛。乾燥地でもヤチカワズスゲを上回るほどである。播種による量産が可能になれば、使いやすい種になるものと考える。
3. ミヤマイヌノハナヒゲ *Rhynochospora yasudana* MAKINO	△	◎	○	◎	○	種子は細かく熟期も遅い（9月下旬〜10月上旬）。葉は明緑色で繊細な感じを呈する。移植も容易で、やや乾燥した場所で硬い泥炭土壌での生育も旺盛。播種による量産が可能になれば、使いやすい種と考えられる。
4. ミノボロスゲ *Carex albata* BOOTT	××	○	◎	○	○	湿潤地での生長がよいが、個体数がきわめて少ないのが難点である。
5. エゾホソイ *Juncus filiformis* L.	○	◎	◎	×	◎	水辺に生育し、移植後の生長が旺盛である。湿潤地での移植材料として適しているが、種子はきわめて細かく、量産は困難であろうと考えられる。また、早い時期に葉の先端から枯れてくる。
6. ミヤマホタルイ *Scirpus hondoensis* OHWI	△	◎	◎	◎	○	池塘内や水辺に生育し、移植後の生長は旺盛である。実験データでは分けつ数の増大はそれほどではないが伸長量はきわめて大きい。濃緑色を呈し、緑化材量として使えるが、個体数が少ないのが難点である。
7. ショウジョウスゲ *Carex blepharicarpa* FRANCH.	××	××	××	◎	××	雪田植生の極相種の1つであるが、移植はきわめて困難で、種子は細かく、緑化材料としては不向きである。
8. ヌマガヤ *Moliniopsis japonica* HAYATA	△	◎	◎	◎	◎	雪田植生の極相種の1つであり、最も普通にみられる。移植は容易で、移植後の生長もまずまずである。播種による苗の生産が可能になれば使いやすい材料になるものと考えられる。
9. イワショウブ *Tofieldia japonica* MIQ.	×	×	×	◎	×	他の実験材料と異なり、白色の花をつける。個体数が少なく、移植後の活着も好ましくない。
10. イワイチョウ *Fauria crista-galli* MAKINO	△	△	○	◎	○	水辺では群落を形成し、草丈も高くなるが、雪田植生中ではそれほど生長は旺盛ではない。緑化材料としてはあまり適当ではないが、補植用として利用可能。

評価の順：良い← ◎ ○ △ × ×× →不良

写真5　移植18年後、進入したヌマガヤが優占

をつけたまま掘り出し、表土流失地に運搬して隙間なく客土する。

客土は乱雑に行っても、雪圧によるものなのか、ひと冬越すときれいにならされる。

【成　果】2年後にはヌマガヤの実生苗が侵入し、数年でヌマガヤが優占してしまった。好成績の要因は、運ばれた土壌に養分や種子が含まれていること、植生株の土が軟らかく侵入植物の根が伸長しやすいこと、植生株の土が含水しやすいことなどが考えられる。

反面、この方法は速効性、実効性ともに最も優れているが、これも材料調達に難があり、広範囲には行えない弱点がある。しかし、このような条件があれば小規模な植生復元に向いているうえ、池塘復元という、失われた景観の復活も期待できる点で価値がある。

(2) 播種による植生復元

表土残存地・種子埋め込み型

植生復元事業を簡便に継続して行うには、現地産の種子を播種する方法がもっとも現実的といえる。この方法として、巻機山ではヤチカワズスゲの種子を用いた。この種子は大きさ（ゴマ粒大）と採取のしやすさで優れており、発芽率も高い。

【復元の手順】採取した種子を粘土質の土と混合して増量し、裸地面に深さ1cm前後の穴を数cm間隔で開けて、種子が混じった土を小量摘んで穴に埋め込む。このあとに光合成バクテリアと栄養活力剤を散布し、緑化ネット[*1]で被覆する。

【成　果】この利点は、土で増量することで作業効率が高まり、傾斜地でも種子が流れず、発芽後も定着しやすいことである。水分条件の悪い立地では活着しにくかったが、緑化ネットの被覆で改善し、光合成バクテリア[*2]などの散布で植被も早まった。

表土流失地・客土＋直播型

表土流失地での植生復元は、心土や砂礫上にどのような基盤を造るかが問題になり、使用する草種によっても対応が異なる。この「客土＋直播型」は、収量が比較的多く確保できるヌマガヤを用いた場合の方法で、景観的にも早期に雪田草原への回復が期待できる。

対象地はほとんどが傾斜地で、侵食力が強く土壌も動くため、約1mおきにコンターに沿って丸太筋工を施し

図2　ヤチカワズスゲの播種の手順
（イラスト　成瀬あすか）

---

*1）緑化ネット：緑化ネットは黄麻（ジュート）の繊維を撚ってネット状に編み込んだ緑化資材。光を透過しやすいため植物の初期成長に有利で、水分保持、土壌保護、種子流失防止、耐風などの効果がある。数年で風化し、景観的にも優れている。

*2）光合成バクテリア：巻機山では緑化を促進させるため、光合成バクテリアとバクテリアのエサとなる栄養活力剤を散布している。光合成バクテリアは土壌中の有用細菌類を活性化して植物の生長を促すもので、実践のなかで実効性は確かめられている。ただし、両者を用いた植物の生育実験[5]によると、貧養地では光合成バクテリアの効果より栄養活力剤の効果が大きいという結果が出ており、まだ未解明の部分が多い。

写真6　ヤチカワズスゲの播種17年後

写真8　ピートモス客土後にヌマガヤを播種し、さらにピートモスで被覆する

写真7　ヤチカワズスゲの播種1年後、緑化ネット等の効果が大きい

写真9　ヌマガヤ播種4年後

ている。この工事は新潟県が受け持っている。

【復元の手順】地盤にピートモスを約10cm厚で客土し、先に光合成バクテリアと栄養活力剤を散布する。ヌマガヤを播種し、ピートモスで覆土する。最後に緑化ネットで被覆する。ピートモスは120℃の蒸気で24時間燻蒸したものを使用した。

【成　果】発芽は良好で、客土による柔らかい土壌が根の伸張を促し、成長、植被ともに早く進む。緑化ネットや光合成バクテリアなどのサポートも大きい。表土流失地で早期に本来の植生に戻す方法として効果的だが、大面積の場合、客土材の調達、運搬、資金などの事業の前提的な問題をクリアする必要がある。

写真10　ヒゲノガリヤスの播種2年後

表土流失地・直播型

これは、心土や砂礫上に客土せず直接播種する方法である。保全活動で沿道の環境が安定し、これまで固体数が少なかったヒゲノガリヤスが増加し、採取が容易になったことで実用化した。ヒゲノガリヤスは表土流失地に最初に侵入する先駆植物の性格が強い。

【復元の手順】丸太筋工で土壌の移動を抑えたうえでヒゲノガリヤスを播種、緑化ネットで被覆する。土壌がな

写真11　丸太マルチング効果で旺盛に成長するヒゲノガリヤス

いため光合成バクテリアなどは使用しない。ヒゲノガリヤスの種子は小さく、しごき取ることが困難なため穂からちぎり取り、そのまま播く。

【成　果】発芽力が強く、播種後1ヵ月以内で発芽する。生長も驚くほど早い。

　収量が確保されれば、土壌流失地を客土せずに緑化する方法として有効である。基盤整備を除けば低費用でできる点も見逃せない。

表土流失地・丸太マルチング＋直播型

　登山道の再整備や補修に際して出る丸太階段の廃材を、リサイクルを兼ねて表土流失地にマルチングし、ヒゲノガリヤスを播種したところ、効果が高いことがわかり実用化した。

【復元の手順】丸太をランダムに敷き、丸太の周囲にヒゲノガリヤスを播種する。緑化ネットの被覆は丸太が移動しやすくなるため行っていない。

【成　果】きわめて良好に発芽し、生長も早い。丸太筋工などの土留め処理がされていない傾斜地でも、廃材があれば有効な方法である。これは砂漠緑化で用いられるストーンマルチと同様な作用が働くものと考えられ、巻機山での実験[6]でも、蒸発抑制効果、保水効果、表土流失抑制効果が認められている。

2）植生回復工事後の回復とまとめ

　表土残存地における植生復元工後の回復のプロセス[7]を見ると、条件の良いところでは2～3年で優占種のヌマガヤが侵入し、15年程度でそれらが優占し外見上は本来の植生と同じような状況を呈するようになる。しかし、20年以上経っても構成種レベルやその割合でみると本来の植生と同じレベルまでには回復せず、さらに数十年を要するものと考えられる。

　今後の課題として2つの点を指摘しておきたい。1つは外来種問題である。表土流失地を復元するためにピートモスを中心とする客土を行ったが、その薫蒸やその後の管理が不十分であったため、かなりの量の外来雑草（シロツメグサ、スズメノカタビラなど）が侵入してしまった。現在、これらへの対処方法が大きな課題となっている。一方、ヒゲノガリヤスは表土が流失した土地でも生育し客土を必要としないことから、外来雑草の侵入を防止するという観点からその効果を検証する必要がある。

　また、効率的な植生復元システムの確立も重要な研究課題である。現場での復元材料の供給には限界があり、それが1シーズンの作業量を決めるネックとなっている。山麓での材料生産供給体制の確立や、過酷な山岳の環境下で短期間に作業を終えるための効率的な施工方法（例えば、植生マット）の開発なども今後に残された研究課題である。

文　献

1) 石塚和雄・齋藤員郎・橘ヒサ子（1975）：月山および葉山の植生「出羽三山（月山・羽黒山・湯殿山）・葉山」別刷、山形県総合学術調査会、59-124.
2) 松本　清（2000）：よみがえれ 池塘よ 草原よ．山と渓谷社．
3) 飯酒盃奈々・町田怜子・麻生　恵（2016）：新潟県巻機山における高山植生復元活動の変遷と推進のあり方、日本レジャー・レクリエーション学会第46回全国大会．
4) 栗田和弥・麻生　恵（1995）：多雪山岳における雪田植生の復元方法に関する研究、日本緑化工学会誌20（4）、223-233．
5) 原田幸史（2004）：雪田草原復元を目的とした光合成細菌資材による土壌環境改良効果の検討，東京農業大学地域環境科学部森林総合科学科卒業論文．
6) 中里太一（2004）：マサ土斜面におけるストーンマルチ効果の実験的検討．東京農業大学地域環境科学部森林総合科学科卒業論文．
7) 木村江里（1999）：雪田植生復元の回復プロセスに関する研究、東京農業大学地域環境科学部造園科学科卒業論文．
8) 高山植生保全セミナー実行委員会（1996）：植生回復の技術と事例．
9) 東京電力株式会社（1998）：アヤメ平湿原回復のあゆみ．
10) 立山黒部貫光株式会社（1974～1997）：中部山岳国立公園立山ルート緑化研究報告書、第1報～第3報．
11) 財団法人国立公園協会（1997）：立山の植生復元施設，国立公園No.553．
12) 大山の頂上を保護する会（1996）：大山の頂上保護活動10年のあゆみ．

【麻生先生コラム】

　新潟県巻機山の活動は、1976（昭和51）年に㈶観光資源保護財団(現在の公益財団法人日本ショナルトラスト)の委託調査研究が私の研究室に来たことから始まった。当時、財団の職員であった松本清氏が財団の専門委員を務めていた江山正美先生にお願いした結果、1976年度の調査事業にとして採択され、農大が調査を担当することになった。江山先生は当初、20年の実績があった造園観光研究会（同好会）にお願いすることを考えていたようであるが、すでに継続の研究テーマが決まっていて断られたため、急遽私の研究室で担当することになった。私にとっては最初の仕事であり、大学に残ったばかりの私

を松本清氏が報告書の書き方から印刷に至るまで丁寧に指導してくれた。先述したように、この調査報告で提案したことが山岳地での景観保全ボランティア活動として発展し、40年も継続することになった。高山での植生復元の事例は少なくないが、いったん破壊された池塘を復元し水面を取り戻すなど、総合的な景観を整えた事例はおそらく初めてのことと思われる。植生復元活動ではなく「景観保全」活動と称したのはそのためである。

1-2. 尾瀬ヶ原適正収容力に関する研究
―大勢の入山者が押し寄せる尾瀬を解決せよ―

東京農業大学短期大学部環境緑地学科

下嶋　聖

1. はじめに

1-1　尾瀬の自然

「♪夏が来れば思い出す　はるかな尾瀬　遠い空」の歌い出しで始まる『夏の思い出』（江間章子作詞、中田喜直作曲）は、多くの人が知っている国民的愛唱歌である。幼少期に音楽の授業で親しまれた方も多いと思う。6月にはミズバショウ、7月にはニッコウキスゲが咲き、8月にはワタスゲが広がる。秋には草紅葉で赤く色づく。冬は雪に閉ざされる。春先、雪の下では芽吹きの準備が進み、雪解けを待っている。尾瀬は、四季折々の変化に富み、豊かな自然が訪れる者を楽しませてくれる。1度でも尾瀬を訪れたことがある方は、冒頭の歌を口ずさむと、池塘が点在する湿原に長く敷かれた木道とミズバショウなどの湿生植物の花が咲き広がる風景が目に浮かぶのではないだろうか。

尾瀬特有の景観は、尾瀬火山群の噴火により形成された。象徴的な山として、福島県側には東北以北第2位の標高を持つ燧ケ岳（2,356m）が聳える。燧ヶ岳は35万年前に噴火が始まり、その後幾度か噴火を繰り返し、約5万年前に大量の溶岩や火山灰が吹き出し成層火山に成長した。

一方群馬県側には至仏山（2,228m）が対峙する。至仏山は地球内部でマントルと水が反応してできた蛇紋岩が約1億年前に隆起してできた。蛇紋岩はマグネシウムとケイ酸を多く含む。マグネシウムは植物の水分吸収を妨げると言われている。蛇紋岩特有の植物が繁茂する。山頂直下まで木が繁茂する燧ヶ岳にくらべて至仏山は森林限界が低く、1,700m付近までしか高木が生えていないため、対照的な山容を呈している[1]。

両山の間には、燧ヶ岳の噴火活動により只見川が堰き止められて出現した尾瀬ヶ原が広がる（**写真1**）。燧ヶ岳は激しく噴火した火山であった。約8,000年前の噴火により生じた溶岩や山崩れが只見川の支流である沼尻川

写真1　燧ケ岳と至仏山との間に広がる尾瀬ヶ原
（至仏山東面登山道中腹から北東を望む）

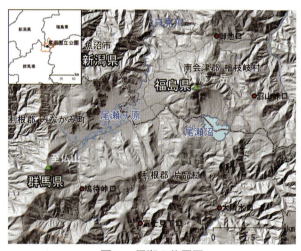

図1　尾瀬の位置図

を堰き止め、現在の尾瀬沼が誕生した（**図1**）。

1-2　尾瀬の保護

自然豊かな尾瀬は、重層的に保護策が取られている。1953（昭和28）年に日光国立公園の特別保護地区に指定されている。国立公園の指定以外にも、1960（昭和35）年には文化庁所管の文化財保護法より特別天然記念物に指定されている。また林野庁指定の保安林にも指定され

ている。

　日光国立公園の一部であった尾瀬地域は、2007（平成19）年8月30日に尾瀬国立公園として分割し、29番目の国立公園として指定された。会津駒ヶ岳、田代山、帝釈山など周辺地域を編入し、指定範囲は福島県、新潟県、群馬県の3県に加え、栃木県を含む4県にまたがる。面積は37,200haである。

1－3　尾瀬の歴史

　尾瀬は、日本における自然保護活動の象徴の地でもある。代表的な出来事は、明治後半から問題が生じた電源開発と昭和後期に起こった道路延伸問題である（表1）。

　尾瀬の学術的価値を世に紹介したのは、植物学者であり日本山岳会会長だった武田久吉博士であった。武田は1905（明治38）年に尾瀬に入り、平野長蔵氏が尾瀬沼東岸に開いた長蔵小屋にも立ち寄っている。平野長蔵氏は尾瀬における自然保護活動を最初に行動した人であった。

　尾瀬の土地所有形態は、県ごとに異なる。福島県側は国有地であるが、群馬県側は私有地であったため当時の電力会社に転売され、今に続く尾瀬のダム問題を引き起こした。平野長蔵氏は、1925（大正14）年に武田博士の許を訪れ、尾瀬の国立公園化を相談する。実際に国立公園になるのは10年後の1935（昭和9）年であった。

　電源開発の波は、戦後も再び尾瀬に押し寄せる。電力不足解消のため1948（昭和23）年に尾瀬ヶ原13万km²をダム湖にする計画が持ち上がる。住民、文化人、登山家などが尾瀬保存期成同盟を組織し反対運動を展開した。世論は「電力」か「コケ」かと大きな話題になった[2]が、電源開発の計画は中止された。このとき組織された尾瀬保存期成同盟は、その後日本自然保護協会に発展する。

　尾瀬にも観光化が進み、1966（昭和41）年に、片品村側と桧枝岐村側をつないでいた沼田街道（会津街道）の車道工事が始まった。長蔵小屋の三代目・長靖氏は、1971（昭和46）年にできたばかりの環境庁の長官に就任した大石武一氏に直訴し、道路計画を中止させた。このことが自然保護運動に大きな力ときっかけを与え、全国の観光山岳道路の反対運動につながっていく[4]。

1－4　現在の尾瀬で起きている問題

　平成に入り、尾瀬では入山者の急増や野生動物の問題

表1　尾瀬の略史[2)3)4)5)]

西暦	和暦	尾瀬に関する出来事	国内の事項
1890	M23	平野長蔵氏が尾瀬に入り沼尻に小屋を開く	
1922	T11	関東水電（東京電力の前身）が尾瀬の水利権を獲得	
1930	S5	禁猟区の指定	内務省に国立公園調査会設置
1931	S6		国立公園法制定
1934	S9	日光国立公園（尾瀬地域）に指定	
1938	S13	日光国立公園特別地域に指定	国立公園の所管を厚生省へ移管
1941	S16		太平洋戦争開戦（～S45）
1944	S19		国立公園行政停止
1945	S20		国立公園行政復活
1949	S24	NHKラジオ歌謡で「夏の思い出」放送　生物学者や登山家などを中心に「尾瀬保存期成同盟」が結成	
1950	S25	第1次尾瀬ヶ原総合学術調査（～S28）	
1951	S26		尾瀬保存期成同盟を「日本自然保護協会」に改称
1954	S29	福島県側から木道の敷設開始	
1955	S30	年間10万人を突破、この頃アヤメ平など湿原で植生荒廃が進む	
1960	S35	特別天然記念物に指定	
1963	S38	戸倉から鳩待峠までマイクロバス往復開始（関越交通）	
1964	S39	尾瀬沼湖畔に尾瀬ビジターセンター開所	
1965	S40	湿原回復事業（群馬県）	
1966	S41	山の鼻に尾瀬保護センター開所　アヤメ平裸地復元作業開始　尾瀬保護専門委員を委嘱開始（群馬県）	
1971	S46	尾瀬自動車道路の工事中止	環境庁発足
1972	S47	尾瀬ゴミ持ち帰り運動始まる　尾瀬憲章制定（群馬県）	自然環境保全法制定
1973	S48		自然環境保全基礎調査（緑の国勢調査）開始
1974	S49	マイカー規制開始（津奈木～鳩待峠間、御池～沼山間）	自然保護憲章制定　自然公園における収容力に関する研究（環境庁）
1977	S52	山小屋からの生活雑排水を尾瀬ヶ原に放出　第2次尾瀬総合学術調査（～S79）	
1985	S60		パークボランティア制度開始
1986	S61		バブル景気（～91年）
1989	H元	至仏山東面登山道閉鎖（～H8年まで）　入山者カウンター設置	
1992	H4	第1回尾瀬サミット開催	世界遺産条約に加入
1993	H5		環境基本法制定
1994	H6	第3次尾瀬総合学術調査（～H8）	
1995	H7	尾瀬保護財団が設立　尾瀬ヶ原でシカの足跡や食痕が見つかる	阪神淡路大震災
1996	H8	武尊高校から尾瀬高校に改称（自然環境科新設）　東京電力尾瀬ヶ原の水利権放棄　年間入山者数が60万人を突破（過去最高値）	
1998	H10	尾瀬入山適正化委員会（尾瀬保護財団）にて利用分散の検討が始まる	
2000	H12	国立公園利用適正化推進委託業務開始（利用体験から見た尾瀬の収容力に関する調査）	
2001	H13		環境省発足
2002	H14	携帯電話基地局問題	国際山岳年
2003	H15		自然公園法改正（利用調整地区新設）
2005	H17	ラムサール条約の登録湿地となる	
2006	H18	「尾瀬ビジョン」策定（尾瀬の保護と利用のあり方検討会）	
2007	H19	尾瀬国立公園指定	エコツーリズム推進法制定
2008	H20	尾瀬認定ガイド協議会設立	
2009	H21	尾瀬賞設置（湿原研究者支援）	
2011	H23		東日本大震災
2012	H24	竜宮、研究見本園等に防鹿柵設置（群馬県）	
2014	H26	日光国立公園指定80周年	御嶽山噴火
2016	H28		祝日として山の日（8/11）施行
2017	H29	第4次尾瀬総合学術調査実施　尾瀬国立公園指定10周年	

が深刻化した。

　尾瀬の主要な入山口は、福島県側の桧枝岐村にある沼山峠口と、群馬県側の片品村にある鳩待峠口の2箇所である。特に鳩待峠口は、車を使えば東京から4時間程度で到達できる。利便性が高いこともあり、花期には多くの登山者が入山する。

環境省が、1989（平成元）年より尾瀬の主要な登山口に設置した入山者カウンターの統計資料[6]をみると、カウンター設置以降、年間の入山者数は50万人台を推移し、1996（平成8）年には64万人を突破した（図2）。この頃、尾瀬全体の1日の入山者数は1万人を越える日が出現し、木道は入山者で数珠繋ぎ状態、トイレでは順番待ちが生じ、自然を満喫する余裕が失われた。

　一方、入山者が増加したことにより、尾瀬ヶ原内ではクマとの遭遇が頻発した。対策として、木道上において鐘の設置や熊鈴の奨励、あるいは一部木道の高架化が進められた。尾瀬はツキノワグマの生息域でもあるため、根本的解決には至っていない。

　また全国で問題となっているシカによる被害も顕在化している。尾瀬ヶ原では1995年にニホンジカの足跡や食痕が確認された。ニホンジカは、ミズバショウやニッコウキスゲを食し、高層湿原はヌタ場と化し、湿生植物の被害が懸念された。対策として、群馬県は2012年に竜宮、研究見本園等に防鹿柵を設置している。しかし尾瀬ヶ原全域に設置することは困難であり、こちらも対処療法的な対応にとどまっているのが現状である。

　尾瀬で生じる問題は、自然環境から社会環境まで多岐にわたり、解決への道筋は一筋縄ではいかない現状がある。尾瀬は歴史が深い分、尾瀬に関わる主体が多種多様になる（図3）。尾瀬に直接関わる主体として、山小屋、交通事業者、地主、行政が挙げられる。行政においては、少なくても9主体が関わり、さらに各行政団体の中で複数の部署が役割分担をしている。また尾瀬に関係する協議会・会議は31にもなる[7]。尾瀬は、多様な主体の連携の先駆けともいえるが、言い換えれば主体間の調整と意

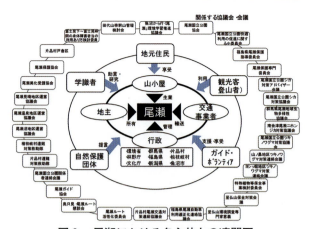

図3　尾瀬における各主体との連関図
出典）環境省関東地方環境事務所：第13回尾瀬国立公園協議会資料[7]を一部図解した。

思決定には、複雑さと手間が生じるのは否めない。

2．利用体験から見た尾瀬の収容力に関する調査の始動と参加のきっかけ

　1998（平成10）年に尾瀬入山適正化委員会（尾瀬保護財団）にて、1日1万人を当面の目安とし利用分散の検討が始まった。しかしこの目安は科学的根拠を持たず、尾瀬における収容力の算出が必要となった。

　こうした背景から2000（平成12）年より、国立公園利用適正化推進事業が立ち上がり、尾瀬における利用体験から見た収容力に関する調査[8]が始まった。調査は田園都市研究所・一場博幸氏が請負、造園科学科・自然環境保全学研究室（当時）が参加協力することとなった。調査期間は、2000（平成12）から2005（平成16）まで5か年間、のべ300人以上の学生が関わり実施された。

　尾瀬との出会いは、筆者が大学4年生の時（平成20年）であり、ちょうど尾瀬における利用体験から見た収容力に関する調査開始時期と重なる。当時私は、進路と卒業論文のテーマに悩んでいた。博物館が好きで学芸員課程も履修していたことから、卒業論文のテーマは当初、国立公園のビジターセンターの分類を取り組もうと考えていた。同時に進路も決めなければならず、就職活動をまともに取り組んでいなかった私は、同級生が大学院に進学することに反発心を覚え、見栄もあってか大学院進学を志す。

　卒論題目提出間際、恐る恐る麻生先生の部屋を訪ね、まずは卒論テーマの話し、そのあと大学院進学の相談をした。師曰く「ビジターセンターのテーマだと大学院ま

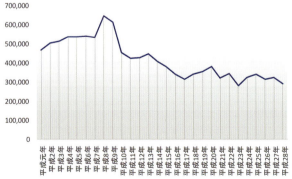

図2　尾瀬入山者数推移（平成元年から平成28年）
出典）環境省関東地方環境事務所：平成28年度　尾瀬国立公園入山者数について：
<http://kanto.env.go.jp/to_2017/28_9.html>[6]

での指導はできない。ちょうど尾瀬の研究があるから、尾瀬にしなさい。」一晩考えて練りに練った卒論テーマだったが、この時、なぜか私は二つ返事で素直にテーマ変更に応じた。これが人生における転換点だったと後から強く感じるのであった。そして足掛け5年間、修士論文そして博士論文として取り組むとは夢にも思わなかった。同年6月から調査が開始され、すでに先に3名が卒論として尾瀬を取り組んでおり、その中に私も混ざることとなった（写真2）。

3．現場での可視景観調査

尾瀬における利用体験から見た収容力に関する調査では、5カ年の中で多岐にわたり調査が実施された。ここでは著者が中心的に関わった現場での可視景観調査について記す（図4）。

3-1　可視景観評価

尾瀬ヶ原は8,000年前から形成された本州最大の高層湿原が分布する。湿原保護のため木道や休憩テラスが設置されており、利用者は湿原に立ち入ることはほとんどない。「ひと」の存在範囲が木道上のみと限られているため、入山者が多くなる時期は、数珠繋ぎ状態になる。このことが尾瀬ヶ原特有の混雑感が生じる原因となっている。

写真2　卒業論文メンバー（鳩待峠口にて）
左から筆者（下嶋）、望月君、今野君、羽生田さん。着ている緑の服は、合宿でそろえたオリジナルシャツ。

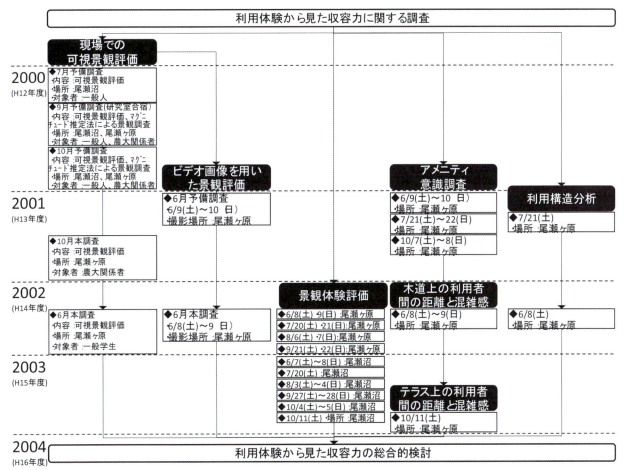

図4　尾瀬における利用体験から見た収容力に関する調査の実施系譜

見通しのよい尾瀬ヶ原における混雑感は、見渡し範囲内に存在する利用者数と関係がある。加えてツアー登山による団体客が入山するため、グループのサイズ（人数）やグループ同士の距離も混雑感に影響を与えると考えられる（写真3）。

　2000年10月に実施した現場での可視景観評価の結果を図5に示す。被験者はランドスケープを専門とする農大生とした。様々な利用状況の景観を現場で観察しながら景観評価を行った。同時に景観内の利用人数のカウントも行った。利用人数と利用密度評価の回帰分析の結果から、牛首分岐において利用密度評価値が4（ちょうど適当）のときの景観内の利用人数は回帰式より約113人である。よって可視範囲での適正利用者数は113人であることが推定された。

3－2　マグニチュード推定法による景観評価

　遠くに存在する「ひと」と近くに存在する「ひと」は同じ「一人」として数えたとしても、ひとの見え方（大きさ）には違いが生じる。このことは自然景観内に存在する「ひと」を対象とした景観評価の際、課題となる。そこで自然景観内に存在する「ひと」の見えの違い（視距離や人数）について、現場において実際に人を配置して景観評価実験を行った[9]。

　調査は2001（平成13）年10月6日及び7日に行った。評価手法は、マグニチュード推定法を用いた。マグニチュード推定法とは、予め基準となる刺激（刺激量）を設定し、それに対して評価対象となるサンプル（感覚量）がどの程度の値になるかを比較評定する方法である。

　尾瀬ヶ原の木道上に基準となるグループを配置し、これを景観に与える刺激量（影響度）を100%とする。こ

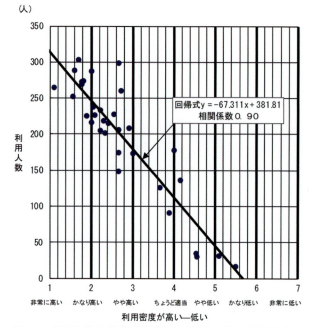

図5　利用人数と混雑感評価との関係（農大生被験者・牛首分岐）

の基準と比較して、実験サンプル（評価対象グループ）の感覚量（影響度）がどの位の値（%）になるか評定してもらった（写真4）。

　実験心理学の分野におけるヴェーバー・フェヒナーの法則によれば、感覚量は刺激量の対数に比例するといわれている。図6は、評価対象グループの人数別に、距離の変化と景観への影響度との関係について、評価対象グループが5人の場合を示したものである。決定係数(R^2)は0.99と非常に高く、視距離の常用対数値と景観への影響度との間に非常に高い相関が見られた。

　100m・5人・100%の基準となるグループの「みえ」の大きさ（視野に占める面積割合）を100%とした場合、面積割合は人数については正比例で、距離に関してはその2乗に反比例して変化する。実験で得られた値（意識量）、及び理論値（物理量）との差異を示したのが表2である。評価対象人数5人グループの変化をみると、基準となる100mより近い地点では、実験値（意識量）は2次曲線的に増加するが、その変化は理論値（物理量）に比べると大幅に小さくなっている。逆に遠い地点では、同様に実験値は2次曲線的に減少するが、理論値との差異は250m地点までは大きくなっている。このことは、基準（100m）より近い領域では物理的刺激の変化ほどには心理面での影響を感じず、逆に基準より遠い領域では物理的な刺激より拡大されて影響を感じていることが

写真3　尾瀬ヶ原における混雑感の要素

写真4　マグニチュード推定法の景観評価の様子
評価対象グループまでの距離25m、人数5人のケース

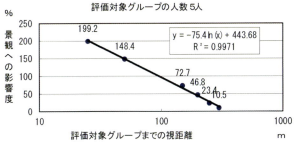

図6　評価対象グループ5人の時の視距離の対数値と景観への影響度との関係

表2　実験値及び理論値との差の比較

		評価対象グループまでの(視)距離					
		25m	50m	100m	150m	200m	250m	300m
評価対象グループの人数	3人	960.0 144.3 (-815.7)	240.0 114.1 (-125.9)	60.0 —	26.7 68.1 (+41.3)	15.0 40.4 (+25.4)	9.6 18.5 (+8.9)	6.7 7.0 (+0.3)
	5人	1600.0 199.2 (-1400.8)	400.0 148.4 (-251.6)	100.0 —	44.4 72.7 (+28.3)	25.0 46.8 (+21.8)	16.0 23.4 (+7.4)	11.1 10.5 (-0.6)
	7人	2240.0 237.1 (-2002.9)	560.0 159.2 (-400.8)	140.0 —	62.2 92.9 (+12.9)	35.0 56.7 (+21.7)	22.4 34.6 (+12.2)	15.6 11.2 (-4.4)
	9人	2880.0 226.1 (-2653.9)	720.0 176.5 (-543.5)	180.0 —	80.0 102.1 (+22.1)	45.0 80.4 (+35.4)	28.8 48.9 (+20.1)	20.0 17.2 (-2.0)
	11人	3520.0 340.7 (-3178.3)	880.0 250.3 (-629.7)	220.0 —	97.8 132.5 (+34.7)	55.0 89.6 (+34.6)	35.2 50.8 (+15.6)	24.4 26.4 (+2.0)

上段：理論値　下段：実験値　括弧内（実験値-理論値）単位（%）

いえる。

以上より可視領域内の「ひと」をカウントする際、近くに存在する利用者と遠くに存在する利用者を同列に扱えないことが明らかになった。

3-3　木道上の利用者の分布と混雑感評価の特性

景観内の利用者の位置によって景観の評価に影響を与える特性をみるため、対象となる景観内の木道を距離別にいくつかの段階に区切り、分割された区間ごとの利用者の状況（人数および分布の状況）を変数として設定し、その総和として景観全体の影響度（混雑感）を捉えるという、重回帰分析モデルを設定した。

（1）利用者の見え方に関する調査と景観区分

休憩テラスから利用者の位置を把握するため、現地において距離の実測調査を行った[10]。レーザー距離計を用い、22～420mまで20mごとに距離を計測し、その位置を写真7のように、六つ切りのサイズ（19.3cm×24.3cm）の写真画像上にプロットした。以後、景観内の距離把握のためのフレームとして使用した。

次に、景観内区分を行う際の距離的な目安を得るため、利用者の見え方に関する調査を行った。評価対象となる景観を事前に撮影した画像の用紙（A4サイズ）を被験者に配布し、現場の景観の利用状況を観察した上で表3の質問項目が該当する場所を画像上に直接記入してもらった。

区分は休憩テラスから近い領域より前景、中景、後景とした。質問項目②「利用者の目鼻の区別が認識できる限界の位置はどこであるか」を前景と中景の境の目安とした。次に質問項目④「一人の利用者の向き（前後）がわかる限界の位置はどこであるか」を中景と後景の目安とし、前景と中景の境を60m、中景と後景の境を260mとした。したがって、前景は22m～60m、中景は60m～260m、後景は260m～と設定した。この区分を、距離区分のフレームとして以降の分析手法に用いた（図7）。

（2）利用者の人数及び位置（距離）と混雑感評価との関係

自然景観内に存在する利用者の数と、混雑感を表す値との関係をみるため、現地に多人数の被験者を同行させる方式で、2002年6月9日に混雑感評価実験を行った[10]。実験に使用した混雑感に関する評価項目は、利用密度の度合い（利用密度が高い-低い）を聞き、7段階の評定尺度を用いた。

各距離の区分内の利用者の数を説明変数とし、混雑感を表す値を目的変数として両者の関係について重回帰分析を行った。その際、写真上でまず対象景観内に存在する利用者の人数の把握を行った。次に、写真上の前景、中景、後景の各3区分内の利用者の数を説明変数とした。目的変数を現場で評価した評価平均値として両者の関係について重回帰分析を行った（表4）。その結果、重回帰分析のモデル式は、

$Y=0.058X_1+0.054X_2+0.020X_3+1.102$　（式1）

表3　利用者の見え方に関する質問項目と結果

質問内容	結果 平均値(m)	標準偏差(m)
① 利用者の表情がわかる限界の位置はどこですか？	36	7
② 利用者の目鼻の区別が認識できる限界の位置はどこですか？	61	35
③ 利用者の手も足も動いているのが分かる限界の位置はどこですか？	263	89
④ 一人の利用者の向き（前後）がわかる限界の位置はどこですか？	264	88
⑤ 利用者の姿がグループの中で、一人として見える限界の位置はどこで	376	103
⑥ 利用者が移動している（歩いている）状態がわかる限界の位置はどこで	452	66
⑦ 利用者と背景が区別できなくなる距離の位置はどこですか？	561	127

表4　距離区分を用いた重回帰分析の結果

目的変数 (Y)	説明変数 (X)	偏回帰係数	偏相関係数	標準偏回帰係数	定数
利用密度 R=0.97 R^2=0.95	前景：～60m	0.058	0.833	0.332	1.102
	中景：60m～260m	0.054	0.947	0.751	
	後景：260m～	0.020	0.612	0.200	

R=重相関係数（自由度調整済み）　R^2=決定係数（自由度調整済み）

図7　得られた距離区分
写真中の丸数字は表3の丸数字と一致する。

が得られた。

4．視覚特性から検討した尾瀬ヶ原内の収容力の算出

ここでは、本研究に関連して得られた知見を基に尾瀬ヶ原内の収容力の算出を試みる。

（1）景観内に許容できる1グループの人数の算出

3－3（2）の中で示した重回帰分析モデル式（式1）は、「$Y = 0.058X_1 + 0.054X_2 + 0.020X_3 + 1.102$」…①

ここで、次の条件を設定した。

条件1：$Y \leq 4.0$（混雑感評価値：利用密度が高くも低くもない）…②

条件2：$X_1 = X_2 = X_3$（X＝各距離区分内の人数を同数にする）…③

①の式に、②、③を代入して逆算する。
逆算の結果、X＝22
ここで、木道は複線なので、X＝22÷2＝11

したがって、各距離区分内に存在する1グループの限界人数は10人程度である。

（2）許容できるグループ間の間距の算出

既往研究[11)12)]から、グループ規模10人におけるグループ間の間距は60m以上であることが得られている。

（3）尾瀬ヶ原内の収容力の算出

・尾瀬ヶ原内の木道の総延長：12.5km（片側のみ）
・1グループの限界人数：10人
・グループ同士の間距：60m以上

12,500m ÷ 60m ≒ 208（グループ数）
208グループ × 10人 = 2,080人

ここで、1グループの限界人数10人という数字は、木道片側だけを考えた場合で算出している。尾瀬ヶ原内の木道は複線敷設であるため、

2,080人 × 2（木道の複線）= 4,160人　となる。

以上のことから、グループを対象に視覚特性から検討する尾瀬ヶ原内の収容力は、約4,000人であることが導き出された[13)]。ただし休憩テラスや山小屋に存在する利用者は加味されていない。

既往研究[14)]から、尾瀬ヶ原における利用者の平均速度は、1.07m/sである。利用者は1分間に60m以上進むことを示す。したがって、グループ同士の間隔は1分以上開けて歩けばよい。間隔のコントロールのためにも、グループごとにガイドを義務づけることが考えられる。

5．おわりに

尾瀬国立公園が独立して10年目を迎える。入山者数は、ピーク時から半減し30万人足らずとなった。しかし鳩待峠口の利用集中、日帰りの利用実態は変わっていない。本研究を含め一連の利用体験から見た収容力に関する調査で算出した知見は、利用調整地区の導入など具体的な施策に生かされることなく国立公園史の中に埋もれつつある。求められる解決策は、総数統制から利用分散と質

の高い利用のあり方に変化した。

　尾瀬国立公園の分離独立時に、保護と利用の基本方針を定めた「尾瀬ビジョン」が提言された。地域関係者による意見共有と解決に向けた模索が続けられているが、提言内容の選択と集中そして本腰を入れた施策の実行が必要となっている。

　学生時代、何度も通った尾瀬であったが、記憶している限り最後に訪れた時から12年以上経過した。研究者としての原点を探りに再び尾瀬を訪れたいと思う。ミズバショウの花を求めて。

文　献
1) 田部井淳子監修 (2014)：尾瀬の博物誌：世界文化社
2) 菊池慶四郎・須藤志成幸 (1991)：永遠の尾瀬 自然とその保護：上毛新聞社
3) 一般財団法人 自然公園財団編 (2015)：自然公園の手びき：一般財団法人 自然公園財団
4) 畠山武道 (2005)：自然保護法講義第2版：北海道大学図書刊行会
5) 上毛新聞社：尾瀬のあゆみ：<http://www.jomo-news.co.jp/oze/ayumi/index.htm>参照日2017.02.08
6) 環境省関東地方環境事務所 (2017)：平成28年度 尾瀬国立公園入山者数について：<http://kanto.env.go.jp/to_2017/28_9.html>更新日2017.02.3，参照日2017.02.08
7) 環境省関東地方環境事務所 (2016)：尾瀬国立公園における利用の適正化 第13回尾瀬国立公園協議会資料<http://www.env.go.jp/park/oze/data/>参照日2017.02.08
8) 財団法人 尾瀬保護財団 (2005)：環境省委託調査 利用体験から見た尾瀬の収容力に関する調査総合報告書～特に尾瀬ヶ原を中心にして～：財団法人 尾瀬保護財団
9) 下嶋　聖・羽生田麻衣・栗田和弥・一場博幸・麻生　恵 (2002)：尾瀬ヶ原における利用者の数や配置が自然景観に与える影響について：ランドスケープ研究　65 (5)，665-668
10) 下嶋　聖・麻生　恵 (2004)：尾瀬ヶ原における木道上の利用者の分布と混雑感評価の特性：ランドスケープ研究 67 (5)，685-688
11) 大崎友寛 (2006)：尾瀬ヶ原における利用者間隔を変化させたモンタージュ写真による混雑感評価について：農大卒業論文
12) 栗原雅博・一場博幸・下嶋　聖・古谷勝則 (2007)：尾瀬ヶ原における木道上の利用者グループと混雑感評価の特性：ランドスケープ研究　70 (5)，617-620
13) 下嶋　聖 (2006)：尾瀬ヶ原における視覚特性にもとづく利用者のコントロール手法に関する基礎的研究：東京農業大学博士学位論文
14) 一場博幸・中島敏博・古谷勝則 (2005)：日光国立公園尾瀬ヶ原の木道における歩行速度についての一考察：ランドスケープ研究68 (5)，717-722

【麻生先生コラム】

　自然公園の収容力研究は、1972～73年にかけて、当時の造園学科長、江山正美先生が環境庁から調査を受託し、わが国で初めて進士五十八先生や研究室の学生達が取り組んだ農大にとっては縁のある研究である。進士先生の教え子であり、尾瀬にも長く親しんできた㈲田園都市研究所所長の一場博幸氏が尾瀬保護財団から調査を受託し、私たちの研究室を中心にワーキンググループを組織して研究をスタートさせた。ワーキンググループには東京農大、千葉大学、東京大学、北海道大学などの若手の自然公園研究者が加わり、調査も委託期間が5年間、前後の準備や論文発表を含めると10年近くに及ぶ大規模な研究プロジェクトとなった。下嶋聖氏はこのプロジェクトに卒論、修論、博士論文として関わり、ビジュアルな側面からの適正利用検討に関わる重要な指標を導いた。一場博幸氏も「利用者の混雑感」という側面から研究成果をまとめ、博士の学位を取得している。

1-3. 朝霧高原の地域づくり

東京農業大学非常勤講師
木村　悦之

1．朝霧高原の地域づくり概要

　富士山西麓に広がる朝霧高原は、1941（昭和16）年麓区に農大富士農場が開設されて以来、農大と地域の人々が共に歩みを進めてきた地域である。その成果の1つとして、農場にカシワの木が点在する富士山麓有数の草原景観を創り出し、富士山を撮影する多くのカメラマンが集まるカメラマンロードが出現している。

　造園科学科は、農場で宿泊を伴う新入生オリエンテーリングやキャンプ場計画をテーマとした夏期集中演習を行ってきた馴染みの深い地である。2006（平成18）年借地であった西農場が地主さんへ返還されたのを機に、農大オープンカレッジ講座を活用して地域づくりを進めてきた。

　講座は富士農場がある麓区を中心に参加協働型講座「富士金山の里の地域づくり」、副題は―「みち」から考える麓地区の地域づくり―として開講した。2016（平成28）年現在「富士山麓の地域づくり」―「みち」から考える朝霧高原の地域づくり―に変わり活動エリアを拡大している。

写真　地蔵峠から見た朝霧高原と農大富士農場

　富士農場のある麓区を中心とした地域づくりの主要テーマは、①地域を通過する東海自然歩道の適正な維持管理と利用促進、②戦国時代にはじまる富士金山の歴史を次世代に引き継ぐ、③富士山麓有数の草原景観の保全の3つとした。

①東海自然歩道の適正な維持管理と利用促進

　1972（昭和47）年に整備がはじまった東海自然歩道は、東京都八王子市の明治の森高尾国定公園と大阪府箕面市の明治の森箕面国定公園を結ぶ1697kmの長距離自然歩道である。朝霧高原では、山梨県境割石峠から毛無山や雨ヶ岳をはじめとする天子山地の東麓を巡り、田貫湖から長者ヶ岳を経て再び山梨県に至るルートとなっている。

　講座スタート時は整備以来34年が経過し、自然災害による路線の変更などに標識整備が追い付かない状況や団

図　朝霧高原の地域づくり対象地

体利用者の増加に伴う生活道路の渋滞問題などが顕在化していた。これに対して東海自然歩道ウォーキングを行い、改善個所や問題点を把握し、行政機関と連携して講座参加者などによって標識移設などを実施している。この他、道路に沿った民地にチップ敷きの歩道を整備し、歩車道分離を実現するなどの活動を行ってきている。

写真　東海自然歩道扇地区（左）と根原の吊り橋（右）

②富士金山の歴史を次世代に引き継ぐ

富士金山遺跡は戦国時代から江戸時代中期頃まで産金されていたが、山崩れを機に廃坑となった。その後1955年頃（昭和30年頃）まで細々と採掘が続けられてきた。歴史的経緯を知る地元の人々の高齢化などもあり、近年その歴史が次世代へ引き継がれていない状況があった。このため、調査を実施しその実像を明らかにして次世代に伝えるための記録を残すこととした。調査は富士金山遺跡と近接し関連が深いとされている国指定の中山金山遺跡（山梨県身延町）の調査の成果を基にと設置された身延町立甲斐黄金村金山博物館の協力を得て実施している。

写真　富士金山遺跡（左）と中山金山遺跡（右）調査

③富士山麓有数の草原景観の保全

富士農場の景観保全は、カシワの木の後継樹の植栽や地域内の在来植物の移植による緑地景観の整備などを実施している。近年では、この景観整備がススキ草原の保全と茅場の維持、国道139号沿線の地域住民による景観維持対策など朝霧高原全体に広がってきている。茅場の維持は、火入れや防火線焼きなどのボランティア活動を行っている。さらに、地元井之頭中学校の学校林「希望の森」内の茅葺き体験施設を活用した茅葺き体験などをとおして茅文化の創出、普及などの活動を展開している。加えて、文化庁事業による「富士山茅葺きフォーラム」や公益財団法人粟井英朗環境財団公募助成による「朝霧草原の自然観察会」、「朝霧草原の環境保全フォーラム」などとも連携しその活動が広がりを見せている。

写真　ふもとっぱら（旧農大富士農場西農場）の日の出

写真　朝霧高原茅場（左）とススキ草原ウォーク（右）

２．オープンカレッジを活用した地域づくり

朝霧高原の地域づくりは、農大のオープンカレッジ（スタート時は農大カレッジ講座）を核としている。学生や教員、一般受講生、地域住民、地域の学校や博物館、企業・団体、行政などが一体となって共に体験し、考え、話し合い、行動して現実的な地域の課題を解決することを目標としている。このため地域の人々の理解や協力、行政の具体的支援が必要となる。この点で農大ブランドの講座の存在意義は大きいといえよう。

１泊２日の講座を基本として前期講座２回、後期講座２回の年４回を継続して10年が経過した。回を重ねることで地域とのネットワークが広がり様々な課題に対する対応が可能となってきている。また、地域の方々の信頼を得て、地域の様々な課題に対する相談を受けるようになり、地域づくりのホームドクター的存在となっている。

宿泊を伴う講座は早朝や夜遅い時間帯の地域の状況を把握することができる。鳥の鳴き声で目を覚ましたり、深い暗闇に輝く星空を眺めたり、夜の草原を走り抜けるシカの群れに遭遇するといった体験ができる。富士山の稜線から太陽が昇る光景は朝霧高原ならではのものである。夕食を囲んでの受講生と地域の方々との交流やふれ

図　講座から広がる地域のネットワーク

あいも大切にすべきものであろう。

写真　山菜の採取・調理による山菜パーティ（左右）

3．「みち」から考える地域づくり

講座の副題は、―「みち」から考える麓地区（後に朝霧高原）の地域づくり―となっている。

観光地などの地域の活性化では、まず地域の基盤となる道路などの交通体系が十分に機能する必要がある。利用者のアクセスや受け入れ側のサービス動線、緊急動線、地域を巡る歩道網の確保、さらには地域の人々の生活動線の分離など、ハード面の整備が重要である。それらと相互に連携しながら沿道の空間や景観の整備がなされる。その上で利用者と地域の人々の交流やコミュニティの形成などソフト面での展開が可能となる。

道路を「みち」と表現したのは、時速4km以下、できれば時速2km程度で寄り道をしながらゆったりと歩くことで地域の魅力をより深く感じることをイメージしてのことである。「みち」は他の利用者や地域の人々との出会いの場であり、挨拶を交わしながら交流を深めることができる。それによって地域の実情をより深く知ることにつながる。

東海自然歩道はそういった「みち」の1つである。朝霧高原では、標識の設置位置が悪く見落としがちで利用者が路線を外れてしまう事故などが生じていた。このような箇所では、講座と行政が連携して標識を適切な場所に移設したりしている。また、定期的に標識頭頂部のトキンの白ペンキ塗りなどを行う活動を実施してきている。

写真　標識の現況調査（左）と移設工事（右）

「みち」から考える地域づくりは、東海自然歩道を背骨として朝霧高原の各地区につながる歩道のネットワーク形成へと広がりを見せている。

このような「みち」から考える地域づくりは、地域の人々に確実に受け継がれてきた。

写真　富士丘区ではウォーキング調査の途中に五平餅の振る舞いが…感謝！

図　調査結果をまとめた富士丘区のウォーキングコース案の1つ

その成果の1つが国道139号の景観維持プロジェクトである。筆者も地域の人々に請われて参加することとなる。その概要は次のとおりである。

日本風景街道の1つとして富士山麓を周回する「ぐるり・富士山風景街道」が、2013（平成25）年富士山世界文化遺産登録を機に国土交通省によって設定された。朝霧高原では、国道139号の沿線地域が設定されている。自動車や自転車、徒歩などで地域にアクセスする各種利用コースが示され、多くの利用者が訪れている。

2014（平成26）年国道139号の山梨県境から南に7.5kmの区間で、地域力を活かした景観管理の仕組みづくりに向けた社会実験が実施された。

対象地域は、根原、富士丘、麓、猪之頭の4区で、富士山の美しい景観を維持するために地域の人々、事業者、道路管理者、行政機関、NPO法人などが協働し「朝霧地区景観形成ワークショップ会議」を組織した。これまで不要看板の撤去や集約サインの設置などを進めてきた経緯があり、景観に対して関心が高い地域である。

地域力、すなわち地域の人々のマンパワーや生業で培った技術を活用した沿道の除草作業の仕組みづくりを目指した。このように、「みち」から考える地域づくりは、地域の人々の中に着実に根付いてきているといえよう。

4．講座導入と地域づくりの進め方

オープンカレッジによる参加協働型の地域づくりの進め方の留意点は次の3点である。

①地域の問題点や課題について講座参加者と地域の人々、関係する行政関係者の方々などが共に体験し、考え、話し合い、行動して実現する。②より多くの地域の人々に活動内容を知ってもらう。③地域づくりの活動を継続するである。

講座のスタートは、麓区にある「山の家」のトイレ利用問題解決のための「みち」づくりだった。山の家は毛無山登山道入り口に至る市道に面し、多くの登山利用者がトイレに立ち寄っていた。しかし、ここのトイレは登山靴を脱がないと利用できず煩わしさがあった。スギ・ヒノキ林を挟んで北に20mの所に東海自然歩道付帯のトイレがあった。スギ・ヒノキ林をショートカットすればこのトイレが利用できる。それが解決策であった。

2006（平成18）年10月28日、富士金山遺跡をテーマとした座学と地区を知るためのウォーキング、29日は対象地のスギ・ヒノキ林の下草刈りと整備計画づくりが行われた。

計画は、参加者一人ひとりが、自分が考えるルートの出入り口に立ち、その位置を決めた理由を述べて話し合い、議論の末に位置を決定した。林の中のルートも参加者の提案を比較検討して決定した。中には、この木は伐らないで欲しいといった提案もあり、その木には提案者の名前を書いたテープを巻いて伐採禁止としたりした。

写真　自分の考えるみちの出入り口に立つ講座参加者　　写真　整備イメージを書き込む参加者

11月11日は、富士金山遺跡に関する古文書を読み解く座学で、参加者が現地に立った時に地域の歴史を思い浮かべられる素地をつくった。

翌12日、東海自然歩道ウォーク終了後、間伐材からチップをつくり、枕木で水路を渡る橋を整備してショートカットの「みち」を完成させた。

写真　橋の模型は工事経験のない参加者に完成後の姿をイメージさせた　　写真　図面を読んで段取りを話し合う参加者

これらの活動で「みち」が完成し、参加者は自分たちが考えたことが実現したという達成感を得ることができた。これを目にした地域の人々は、参加協働型講座がどのような講座であるのかを感じ取ってくれたと確信している。

次の講座からは地域の人々との意見交換などをとり入れながら、地域のかかえる問題点や課題を抽出して新たな講座のテーマ決め、それを実現させる方向で進めることとなった。

回を重ねる中で3つの異なるテーマが交錯することがあり、次回講座をどのテーマとするか戸惑う参加者も現れてくる。このため、これまでの講座の成果を示し、今後何をするのかを考えるための情報などを発信する「ふもと通信」の発行やロードマップとなる「講座の展開」の図を作成し指針とした。地域の状況は常に変化するため、これらは選択肢の一つとして利用するものである。

図　情報発信ツール「ふもと通信」A3折4～8頁　　図　ロードマップとなる「講座の展開」イメージ

地域づくりの活動は多様な年齢層や職業の人たちの参加が欠かせない。高齢化が進む地域にあっては、学生たちの溢れるパワーや柔軟な発想も期待するところである。学生たちの笑い声や笑顔のなかで皆が輝きながら活動することが大切である。このため、学生が参加しやすいように宿泊費の助成制度を創設した。活動に必要な資

材費の一部を助成することも含めて、教員や地域に関わる企業・団体、有志などが参加する任意団体「富士金山の里の地域づくりを応援する会」を立ち上げ、その会費収入によって助成することとした。

朝霧高原の地域づくりは、オープンカレッジの講座を核として活動していることから、地域の人たちから「先生たちの都合で、この活動も数年で終わってしまうんだろう。」といった声を幾度となく聞いた。その度に地域づくりの活動を継続することの大切さを再認識させられた。

5．地域づくりは歴史を知ることからはじまる

地域づくりは、現状の問題点や課題を把握することからはじまる。ここで重要なのが、どのような経緯をたどって現状に至っているかを知ることである。集落や周囲の土地利用、集落と周辺地域を結ぶ「みち」、それらを取り巻く自然環境や住民同士のつながりなどを理解することが大切である。

1つの例をあげれば、現在の麓区の姿はいつからこうなっているのかという視点である。1941（昭和16）年農大富士農場開設を契機としてその姿は大きく変貌した。時は戦時下であり戦闘機の離発着が可能な直線道路が出現した。現在、沿道にスギ・ヒノキの植林が広がり、西農場跡地の草原はキャンプ場となり、戦闘機の離発着などをイメージすることはできない。さらに、この変貌以前の姿がどうであったかを知る由もない。

それを具体的に知る資料が地籍図である。昭和初期の地籍図（巻図）が残されていた。そこに金山時代の麓区の姿を想起する内容が記されていた。

次図は、昭和初期の地籍図に1941（昭和16）年以降の直線道路（点線）と方位盤を重ねたものである。ここで読み取れるのは麓の集落が鬼門、裏鬼門除けを考慮し形づくられていること、富士金山への道が城郭内の動線のごとく直角の曲がりが連続する防御の形となっていることである。

図　地籍図（麓区昭和初期）の分析図

このような過去の情報は、今後の地域づくりの方向性を考える上で大変重要である。

2つ目は、猪之頭地区の県立猪之頭公園にあった「旧鱒の家」に関する事例である。地元からこの古民家を葺き替えて活用したいとの意見が出され、地元猪之頭区議会に旧鱒の家の由来に関する報告書が提出された。そこには、旧鱒の家が明治時代に地方の産業振興に力を注ぎ、殖産興業の父と云われた前田正名男爵の二男正次の別荘であると記されていた。正名は朝霧高原に300haの土地を得て温帯植物の育成を目指し「富士朝霧前田一歩園」を興している。後に、旧鱒の家は正名の没後三男三介が地元の古民家を移築して建てた「一歩庵山荘」であることが判明している。

これを契機として朝霧高原の茅に注目が集まり、茅場の再生や茅刈り人の育成、茅文化の醸成などの活動が展開されることとなる。その原動力となったのが「朝霧高原活性化委員会」である。これは地元4区の代表や地元NPO法人、富士河口湖町のNPO法人が行政の垣根を越えて富士教育訓練センターに集まり立ち上げたものである。筆者も農大の講座担当として参画することとなる。

茅場は2012（平成24）年に文化庁のふるさと文化財の森に設定された。茅刈り人の育成は職人さんが求める朝霧高原ブランドの茅を産出することを目標としている。このため職人さんがどのように茅を扱うのかを知る必要があるとして茅葺き体験を実施した。井之頭中学校の学校林内に茅葺き体験施設を設けて茅葺き体験を継続している。

写真　井之頭中学希望の森の茅葺き体験
茅束を投げ上げる学生（左）と茅を締め付ける女子学生

この体験施設は完成した後に茅屋根を解体することになっている。茅葺きの技を理解するには解体するのが一番だからだ。造っては解体することを繰り返すのがこの体験施設の特徴である。

茅場の維持管理では、富士宮市や根原区の人々が行う春の火入れ、秋の防火線焼きに対してボランティア活動などを継続している。地元の人々の高齢化が進む中で、茅場を維持する共通認識が得にくくなっている現状があ

る。茅場を継続する人材の確保が喫緊の課題となっている。このため、茅場の持つ水源涵養やCO_2吸収、生物多様性の確保、レクリエーションや癒し効果などの多面的機能を評価して茅場存続の意義を考えて広めようとする活動もはじまっている。

写真　地域の人々と講座参加者による防火線焼き

写真　茅場の多面的機能を考える朝霧草原の自然観察会

10年を経た朝霧高原の地域づくりは、様々な課題が現在進行形で相互に関係しあっている。それぞれの現状に至る経緯をいかに把握するかが問題解決の決めてとなる。事象の因果関係をたどる中で絡み合うみち筋をほぐして浮かび上がらせる努力を継続することが求められている。

本講座の開講に当たり、ふもとっぱら代表竹川将樹氏をはじめ多くの地域の方々、行政機関の方々に多大なご協力をいただきました。

ここに心から感謝の意を表します。

●●● 【麻生先生コラム】 ●●●

朝霧高原麓地区には農大の富士畜産農場があり、そこを拠点として鈴木忠義先生の指導により「キャンプ場の計画演習」を1985年から続けてきたところである。その演習には、1996年度から自然公園系の計画設計コンサルタントで活躍されていた木村悦之先生に非常勤講師として加わっていただき、演習の内容充実にご尽力いただいた。ところが、富士畜産農場の借地部分が地元地権者に返却されることになり、演習フィールドも川場村に変更した。ちょうどその頃、私がエクステンションセンター長を拝命し、社会人向けの講座であるオープンカレッジに「参加協働型講座」を設けることになった。これは受講者（社会人、学生）と教員が地域に出かけて行き、地域の方々と一緒に地域づくりに参加し、地域づくりのノウハウを学んだり、地域の応援団になろうといういうものである。その第一号としてスタートしたのが、木村先生を中心とした「朝霧高原の地域づくり」である。コンサルタントで培った経験を活かし、活動の柱を整理して中・長期的なロードマップを作成するとともに、受講者だけでなく地元組織、関係行政機関とも連携をとり、沢山の成果を生みだした。こうして、今日ではご自身が地域づくりを指導するリーダー的存在となって活躍されている。

１－４．阿蘇くじゅう国立公園阿蘇地域の草原保全・再生にむけた研究教育活動

東京農業大学
町田　怜子

１．阿蘇くじゅう国立公園阿蘇地域の草原

熊本県阿蘇くじゅう国立公園阿蘇地域は、九州のほぼ中央に位置し、1934（昭和9）年に、世界最大級の巨大カルデラ地形と雄大な草原が評価され、国立公園に指定された。

阿蘇の草原は、早春に草原に火を放つ野焼きと、初夏から冬まで「あか牛」と言われる耐寒・耐暑性に優れた牛の周年放牧、そして、秋の採草等、年間を通じた人々の営み、暮らしの中で維持されている。

赤牛と阿蘇の草原

しかし、国内畜産業の低迷や地域住民の高齢化等により草原の維持管理の担い手不足が生じ、草原の樹林地化や藪化した草原が拡大し、阿蘇の魅力となった地形と一体化した草原景観が失われつつある。

そこで、東京農業大学自然環境保全学研究室では、景観面からみた「阿蘇らしさ」を大切する草原保全・再生及び農村計画の研究・教育活動に取り組んでおり、本稿ではその具体事例を紹介する。

景観面からみた「阿蘇らしさ」とは、火山地形と一体化したダイナミックな草原景観を指す。

ここで、阿蘇の草原景観を地形特性から読み解いてみよう。中央火口丘に分布する杵島岳・往生岳は、阿蘇山の活動によって形成された山で、比較的新しい火山でまだ侵食が進んでいないため、平滑な独特の地形が阿蘇のランドマークとなっている。また、山上・中腹の平坦地に位置する草千里は、心の落ち着きを感じさせ、「熊本でまた訪れたい場所」の一位にランクインした、癒しの景観となっている。阿蘇の東側に位置する根子岳には、箱石峠のように、規則正しい凹凸のある起伏の上に草原景観が広がり、美しさや雄大さを感じさせる景観となっている。そして、大観峰等の北外輪の広大な草原景観では、日本の国立公園の父・田村剛が「国立公園に値する景観だ」という感嘆の言葉を残した。

このように、火山地形によるマクロな地形スケールと、起伏の有無等の微地形によるミクロな地形スケールが相まり、人々の営みにより、「阿蘇らしい」草原景観が構成されているのである。

阿蘇くじゅう国立公園阿蘇地域位置図

従来の国立公園計画における景観計画は、地種区分（保護ランクのゾーニング）及びそれと一体化した許認可制度による「開発規制」によって景観変化をコントロールしてきた。しかし、畜産業等の人々の営みにより維持されてきた阿蘇の二次草原に対して、従来の「開発規制」を中心とした景観計画では、管理の滞りにより発生している問題を解決することは難しい。そのため、「阿蘇の広大な草原景観をどのように保全していくのか」という

課題に対し、本研究室では、人の営み、参加を取り込んだ保全再生の調査研究に取り組んだ。

2．世界農業遺産　阿蘇の農村景観

阿蘇地域は、南北25km、東西18kmの最大級のカルデラの中で中央火口丘を中心に「阿蘇谷（北外輪）」、「南郷谷（南外輪）」二つの盆地状の火口原が広がっている。

「阿蘇谷（北外輪）」には、ダイナミックな火山地形の景観が広がっている。一方、「南郷谷（南外輪）」の景観は、阿蘇五岳の中央火口丘側のなだらかな傾斜に採草地、スギの人工林、河岸段丘の棚田、平地の畑地、住宅、水田の景観構造となっている。そして、このカルデラ壁山麓の草原、段丘の棚田、平地の大小様々な水田が一体となった伝統的土地利用が、ヒューマンスケールで感じ取れる「南外輪（南阿蘇）らしい」景観となっている。

草原から水田へと一体的につながる南阿蘇村の景観

阿蘇地域は2012年に日本で5番目の世界農業遺産（GIHAS）に認定された。この招致活動は、熊本市在住のイタリア料理シェフと、南阿蘇で就農した東京農業大学国際バイオビジネス学科研究生の大津愛梨氏が、市民、生産者の立場から阿蘇の農業が持つ世界的意義を訴え認定に至ったのである。世界農業遺産とは、農業の多面的価値を地域で共有し、暮らしの中で維持していく「生きている遺産」といわれている。そのため、地域住民にとっては日常的景観を、世界農業遺産として価値付けた保全活動が重要となっている。

そこで、本研究室では、2013年から「阿蘇の世界農業遺産における景観面からみた遺産価値とそれを支える制度の関係」を推進するための研究を進めている。

3．阿蘇の研究プロジェクトの経緯と連携体制

本研究室の阿蘇の草原保全・再生プロジェクトは2000年から15年以上継続している。このプロジェクトの連携体制は、「阿蘇の美しい風景（草原や農村景観）を守りたい！」と熱い情熱を持った学生、行政、研究機関、NGO、地域住民、小学校らとの「信頼関係」のもとで、継続されてきた。

本研究室の阿蘇の研究プロジェクトは、「一期一会」の運命的な出会いから始まっている。

調査研究を始めて半年の夏、あか牛が放牧され風がそよぐ草原で環境省所長と出会い、「人々の営みにより維持されているこの草原、風景をどのように守るのか」という研究議論で意気投合し、環境省と本研究室との共同調査研究が始まった。

阿蘇の研究プロジェクト開始前の1990年代頃から、阿蘇地域における草原景観の魅力の低下に対する危機意識から、地元住民だけでなく、外部の人達も含めたボランティア組織が生まれた。そして、従来の畜産農業等による維持管理に加えて、新しい草原保全活動が展開されるようになってきた。1995年に設立された「財団法人阿蘇グリーンストック」は、野焼きや輪地切りなど草原景観の維持管理のボランティア活動のプラットフォームとなっている。本研究室でも阿蘇グリーンストックさんのボランティア運営を学生とお手伝いしながら草原保全の研究に取り組んだ。

そして、2002年の「環境省国立公園内草原景観維持モデル事業」では、東京農業大学の教員と学生約30名、環境省、㈶自然環境研究センター、環境計画コンサルタントメッツ研究所との共同研究で、草原景観のイメージ調

草原保全・再生の調査

査や地域住民のアンケート調査を行い、景観面からみた「草原保全の重要度が高い場所」を抽出した。

2002年の自然再生推進法を受けて阿蘇の草原再生事業が展開し、2004年に本研究室では「環境省阿蘇地域自然再生推進計画調査」として、草原景観を眺望する際の阻害要素を抽出し、草原保全・再生の指針となりえる草原と樹林地の扱い方を提案した。そして、本研究室が提案した草千里北側斜面等の人工林除去による草原再生が2006年に実施されたのである。

写真　人工林除去による草千里北側の草原再生

2013年には、甚大な被害をもたらした九州北部豪雨の土砂災害の災害痕跡と、地域住民、草原保全・再生に関わるボランティアが復興による草原再生を願う箇所との関係性を解析し、草原保全と森林の管理の面からみた土地利用計画を提案した。

2014年からは、子ども達への草原学習を保護者、NPO、小学校等と連携し実施している。

4．参加型の草原保全・再生計画

草原景観の再生を推進していくためには、草原を生活の場としている地域住民と、主として草原に対する愛着心を求心力に活動しているボランティアとの間で、草原再生の目標や共通認識を明らかにした上で、緊密な協力体制を構築することが必要となる。

すなわち、広大な面積を持つ国立公園区域の中で、「現存の草原及び荒廃した草原をどの様に、また、どの優先順位で保全・再生を図るのか」、また、「どのようなタイプの樹林は草原へと再生し、どのタイプの樹林は維持管理を強化するのか」という具体的な草原保全・再生の目標等に対し、それぞれ立場の異なる主体、つまりは地権者、畜産農家、及び林業農家と、各ボランティアとの間で、合意形成を図ることが急務である。

そこで、阿蘇の地形特性と地域住民やボランティアが草原保全・再生上重要だと認識している草原景観タイプとの関係性を解析し、草原保全・再生上重要だと認識している区域を抽出した。

（1）地形特性からみた阿蘇の草原景観の分類

阿蘇の草原が分布する地形を構成する5つの基本地形タイプ（①山上・中腹平坦地、②山腹斜面、③山麓緩斜面、④カルデラ壁上部斜面、⑤カルデラの外側緩斜面）に分類した。そして、基本地形タイプ上に位置する草原景観の起伏の有無や起伏の形状、傾斜度といった細かな地形条件を加味し、草原景観の分類を行った。

表1　阿蘇プロジェクトの経緯

年		内容
2000年（平成12）	草原保全	【環境省との共同研究】環境省国立草原景観モデル維持事業の保全すべき草原の評価を担当した。・地形特性からみた草原景観の分類調査・地域住民、草原保全ボランティア、観光客への地図指摘法を用いた調査
2001年（平成13）		環境省が、東京農業大学の研究成果から、阿蘇の景観上保全の重要度が高い地域を抽出し発表
2003年（平成15）		【環境省との共同研究】阿蘇地域自然再生推進計画調査。平成16年まで継続。景観面からみた草原再生の提案
2004年（平成16）		
2005年（平成17）		阿蘇自然再生協議会発足
2006年（平成18）		
2007年（平成19）		阿蘇自然再生構想
2008年（平成20）		
2009年（平成21）	草原再生	環境省阿蘇地域のエコツーリズムに関する調査
2010年（平成22）		2008年から2011年にかけて、阿蘇市のASO環境共生基金で、農大が草原再生の重要性を指摘していた草千里の草原再生事業が行われた
2011年（平成23）		
2012年（平成24）		草原再生のための景観配置の研究
2013年（平成25）		九州北部豪雨被害を受け調査開始
2014年（平成26）		阿蘇の草原学習開始
2015年（平成27）	草原学習	阿蘇の草原学習で、阿蘇の草花の図鑑を阿蘇の小学生、東京農業大学学生と共同で作成。

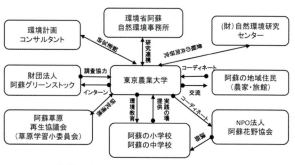

阿蘇草原保全・再生、草原学習の連関図

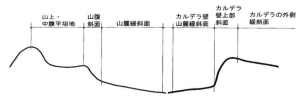

地形特性からみたマクロスケールの分類

（2）地域住民やボランティアが草原保全・再生上重要だと認識している草原景観タイプ

地図指摘法を用いて、地域住民やボランティアの草原景観に対する認識構造を調査した。

調査方法は、主観的な価値判断に基づき地域住民が指摘しやすい「あなたが好きな草原景観」という質問項目を設定した。地図記入の調査では、地域住民が空間認識を容易に行えるように、まず、1/50,000の地形図を用いて調査の目的を説明し、その後、地域住民に1/10,000地形図に草原景観の場所を指摘してもらった。

その結果、地域住民が共通認識を持ちやすい草原景観としては、「大観峰」や「草千里」など中央火口丘及び北外輪のカルデラ壁上部に分布している草原景観が多かった。また、中央火口丘やカルデラ上部に分布している草原景観は、地形と一体化して認識されやすく、地域住民の認識構造の大きな骨格にもなっていたことが明らかとなった。

これらの調査結果は、環境省の「景観保全上重要な草原景観」として取りまとめられた。

そして、従来の地種区分からみた公園計画手法に加えて、多様な主体の参加型の公園計画手法として、環境省でも研究成果が報告された。

図　草原景観の認識構造

5．阿蘇らしい草原保全・再生のため地形特性からみた草原と樹林地の景観配置を提案

阿蘇地域の草原・保全再生事業の対象は、健全に維持管理されている草原だけでなく、現在、維持管理が滞った草原や樹林地となっている場所も対象となり得る。

そこで、本研究室では、阿蘇らしい草原保全・再生を導く景観配置を阿蘇の地形特性から提案した。具体的には、草原景観の眺望に影響を与えやすい樹林地や藪化した草原、及び、阿蘇地域特有の草原景観の中で違和感を与える樹林地の景観配置を明らかにするため、被験者のスケッチ描画法により、草原保全・再生に向けた草原と

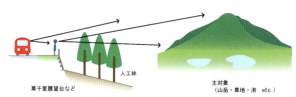

主要な展望台からの眺望の対象となる草原保全・再生

尾根上の凸部及び緩斜面の草原保全・再生

広大で起伏に富んだ草原保全・再生

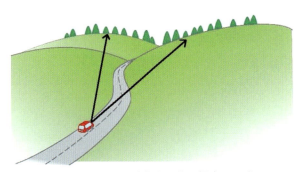

スカイラインを形成する草原保全・再生

樹林地の景観的扱いを提案した。

その結果、浸食谷に分布する樹林地等は、草原景観の中でも違和感が少なかった。

一方で、主要な展望台からの眺望の対象となる草原景観を阻害する人工林、尾根上の凸部及び緩斜面の藪、カルデラ壁上部緩斜面の広大で起伏に富んだ草原の中で沿道沿いにある藪や小規模人工林、草原が形成するスカイライン上にある人工林は草原景観に影響を及ぼすことが考えられた。

そこで、草原保全活動の重要な担い手であるボランティアに、「現在、樹林地や、管理が滞った草原となっている場所で、今後草原へと再生したいと望んでいる場所」を、地図上に直接記入してもらい、草原再生上重要と認識している草原景観タイプと、その区域を明らかにし、草原再生を実施する上での優先順位を検討した。

その結果、草原再生上重要と認識している草原景観タイプとして、「主要な展望台からの眺望の対象となる草原景観」タイプは、ボランティアが共通して、草原再生の優先度を高く評価した。また、これらの草原景観タイプは中央火口丘に分布していることが確認できた。

北外輪では、「広大で起伏に富んだ草原景観」タイプの草原再生を望んでいることもわかった。

南外輪では、景観上の理由だけでなく、希少植物の生育地として生物多様性保全の観点から、草原再生を望む区域が新たに明らかとなり、草原の生物多様性保全に関心のあるボランティアとの連携した草原再生活動がより一層期待された。

6．地域の未来の担い手となる子ども達への草原学習

2013年の九州北部豪雨や、2016年の熊本地震、阿蘇山噴火等自然災害が頻発している阿蘇地域で、未来の担い手となる阿蘇の子ども達に、ふるさとの暮らしや先人の知恵を伝える草原学習は阿蘇復興の大きな力になると信じ、2013年の九州北部豪雨以降、阿蘇地域の小学校、NPO、保護者らと連携し、草原再生協議会環境学習小委員会のもと、草原学習を実施している。

草原学習初年度は、南阿蘇地域特有のカルデラ壁斜面の牧草地、カルデラ壁裾野斜面に棚田、そして水田が一体的に広がる農村景観の中で暮らす子ども達が、昔の村のくらしと草原との関わりを学び、草原の管理手法や様々な課題を学ぶことをねらいとした。そして、「国立公園」と「昔の暮らし」という2つのテーマの環境教育プログラムを開発した。

上記の草原学習後、これまで阿蘇の草原へ行く機会が少なかった子ども達は「もっと草原に行きたい！草原を知りたい！」と探求心が育まれた。そこで、学びのステップとして、子ども達が実際に、草原で植物観察を行い、阿蘇の植物図鑑を作成したのである。

図　草原学習のステップ・子ども達が作った野の花図鑑

東京農業大学が草原学習の一部を担うことにより、小学生にとっては、大学生との学習や教室では得られないフィールドでの学習による教育効果や、外部の学生と学ぶことによる地域への愛着、関心をより高める教育効果がみられた。

草原学習のフィールド提供には、保護者やNPOの協力が不可欠であり、加えて、植物観察は、地域の生物多様性保全活動を担っているNPO法人阿蘇花野協会との連携により、その地区特有の生物多様性を学ぶことができた。

そして、子ども達が草原学習で学んだ内容を学校行事や成果物等を通じて地域へ発信することが、地域コミュニティの大きな力となっている。

草原学習の実施は、東京農業大学学生が卒業論文として取組み、その後、大学生らは環境教育や造園設計に関わる仕事で活躍している。阿蘇の大草原を教育フィールドに私も含め多くの学生の人間力を育ててくださった麻生先生、阿蘇の皆様に心より感謝の気持ちでいっぱいで

ある。

【麻生先生コラム】

　阿蘇から九重連山にかけて広がる二次草原は、私の少年時代から夏休みなどに家族で出かけ親しんできた地域であるが、草原の減少による広大な景観の変化が気になっていた。1990年代半ば頃からその再生運動が始まり、㈶阿蘇グリーンストックによる野焼きボランティア養成のための講習会がスタートしたため、2000年3月の春休みに学生と一緒にその講習会に参加した。するとそこに農大OBの上野裕治氏（のち長岡造形大学教授に就任）がリーダーとして活動されており、以後お世話になることになった。その時参加した学生の一人が町田怜子先生で、大学院に進んだ彼女は夏休みの1ヶ月以上にわたって阿蘇に滞在し、幅広い人間関係を築いていった。また、その頃スタートした環境省の草原再生プロジェクトにも関わるようになり、それがご縁となり私も環境省の検討委員会のメンバーに加わることになった。町田先生の修論や博士論文のテーマが環境省の調査内容（自然環境研究センターが受託）と近かったため、一緒に研究を進める部分も出てきて、それがキッカケとなり彼女は自然環境研究センターに研究員として勤めることになった。彼女は行政やコンサルタント関係者だけでなく、牧野組合、地域住民、さらには学校関係者まで幅広くネットワークを広げていった。阿蘇の草原再生については、当初は植生関係の議論が中心であったが、最近は景観や環境教育などに広がり、多くの学生が地域に関わり、その中から卒論も沢山生まれた。地域連携で幅広い人間関係を築くことが如何に重要であるかを痛感させられるプロジェクトであった。

第二章　各地域での取り組み

2−1.「地域らしさ」への眼差し
―地域のみかたとしての文化的景観―

独立行政法人国立文化財機構奈良文化財研究所
惠谷　浩子

1. はじめに

　高校3年生の夏のこと。東京大学千葉演習林が主催する高校生対象の合宿プログラムに参加する機会を得た。数ある授業を受けるなかで最も興味をもったのは、千葉演習林の一部に残された自然林の圧倒的な存在感とその多様性だった。合宿の帰路、偶然にも東京農業大学でオープンキャンパスが開催されており、立ち寄ることができた。自然林に魅力を感じていたため、森林総合科学科を見学したあと、造園科学科の自然環境保全学研究室（以下、「風景研」とする）を訪ね、尾瀬や巻機山の研究成果を知り、進路を決めた。女子校出身だった筆者にとっては、麻生「恵」先生が指導教員であるということも後押しの材料だった（入学式の日に自分の誤りに気付くことに）。

　大学1年生から研究室に出入りさせていただき、尾瀬の調査や川場村での自然学校の運営などの経験を重ねることが出来た。当初は自然公園の研究を志していたが、徐々に農山村へと興味が移り、卒業論文からは農村景観に関する研究を選び、修士論文もその流れで進めた。博士後期課程への進学も決めていたが、同じ環境に居続けることへの違和感もあった。ちょうどその頃、造園科学科事務室前の掲示板に奈良文化財研究所という研究機関が「文化的景観」の分野で研究員を募集しているということを知り、応募することにした。そして、文化的景観というものも、文化財というものもよく分からないまま試験を受け、博士後期課程に2ヶ月在籍した後、奈良に移った。

　本稿では、奈良文化財研究所で筆者が進めてきた文化的景観研究（特にフィールドワーク）を振り返りながら、その時々で助けとなった麻生先生からの学びについて考えてみたい。

2.「景観」を考える

　奈良文化財研究所は、奈良はもちろん、全国の遺跡や庭園、建造物などの調査・研究をおこなう独立行政法人国立文化財機構の一組織である。2005年の文化財保護法改正を受け、新たに文化財類型に加わった文化的景観もその調査研究の対象となり、翌年の2006年に景観研究室が新設された。とはいえ、研究所には文化的景観の専門家はおらず、2007年に最初の文化的景観の研究員として筆者が採用された次第である。

　研究所に入って最初のプロジェクトは、「四万十川流域の文化的景観」の調査と保存計画の策定だった。複数の自治体が連携して重要文化的景観（文化的景観の中でも特に重要なものについて、都道府県又は市町村の申出に基づいて、国によって選定された地域のこと）の選定を目指すはじめての事例で、広域をどのように評価すると「価値」となるのか、また、それをどのように守れば「保護」となるのか、まさに暗中模索の状態で取り組んだ。

　それまで、文化財の考え方や制度の使い方などほとんど知らなかったし、文化的景観について文化財保護法に書かれている文言以上のことを考えたことがなかった。「景観」ということばについても、「都市景観」や「農村景観」など、「眺め」のことを指すと漠然と考えてきた。「文化的景観」は、単に目にみえる現象のみではなく、そして人間と風土・環境とを分離してとらえるわけでもなく、人間の営みに根ざして形成される、人間の共同体と環境が一体化した領域のまとまりを指す。中村良夫先生による「景観とは人間をとりまく環境のながめにほかならない」という景観の定義は、その物理的な表象をとらえたものであると気づくまでにずいぶんと時間がかかった。日本では景観に関して「眺め」の研究や評価が主流だったため、どのような調査や評価をすると文化的景観（領域のまとまり）の価値につながるのか、その概念が未熟な状態だったのである。また、何かを同じ状態

で永久に保存することを目的とする文化財の基本的な考え方と、地域という変化していくものを対象にする文化的景観の考え方には、大きな矛盾があることにも、この時初めて気づいた。

こうした様々な課題があるなか手探り状態で進めた四万十川流域の調査や保存計画の策定は、決して最善のものであったとは言い難い。しかし、それでも重要文化的景観選定までのサポートができたのは、風景研で文化財に関わる実践的な取り組みを経験していたからだろう。

ひとつは、文化庁の文化的景観保存・活用事業として2005年度に千葉県鴨川市の大山千枚田を対象に実施されたモデル調査がある。麻生先生がその調査のとりまとめと保存計画策定を引き受けていた関係で、調査や図面作成などに関わることができた（**写真1**）。もうひとつは、文化財として国の名勝に選定された2つの棚田、長野県千曲市の「姨捨（田毎の月）棚田」(1999年選定)と石川県輪島市の「白米の千枚田」(2001年選定)の景観調査と保存計画策定である。こちらは筆者が農大に入学する以前の取り組みのため直接関ったわけではないが、保存計画書を読ませていただいたり、麻生先生や松本清さんから当時のやり取りをお聞きしたりしていた。

つまり、景観に関する文化財の取り組みの経験がまったくなかったわけではなく、ある程度の素地が風景研時代に出来ていたのだと思う。

3．関係性を読み取る

四万十川流域の次に関わったのが、都市域としては日本で最初の重要文化的景観に選定された「宇治の文化的景観」である（**図1**）。宇治市内の選定地域を対象に、伝統的建造物の詳細な調査、また都市構造や主要な生業である茶業についての分析も実施し、保存、整備、活用についての計画提案をおこなった。この中で筆者は茶業関係の調査を主体的に実施した（**写真2**）。

宇治市内でみられる茶園や茶工場といった茶業に関する営みの姿は、平安時代以来、重層的に形成された市街地部と一体として形成され、宇治の文化的景観の骨格のひとつを成している。そのため、宇治の文化的景観を構成する要素のなかには茶業の特質から生みだされているものが多くある。そこで、宇治茶業に関する基礎的な特質を踏まえた上で、文化的景観として茶業を読み解くための調査を実施した。調査は茶農家へのヒアリングと共に、覆下園（日光を遮るためにヨシズと藁などで覆いをした茶園）での茶生産から茶工場での製造までの一連の工程について調査をおこなった。

その結果、覆下園での茶生産・製造をとりまく関係を見てみると、宇治の茶は茶園だけで成り立っているのではなく、藁を供給する周辺の水田や覆下の骨組みのための竹林や針葉樹林、太く長いヨシを生産する琵琶湖内湖のヨシ原（**写真3**）、茶園の覆小屋茶園を覆うための材料を収納する小屋、**写真4**）、街中の茶工場といったように、他の要素や他の土地利用が相互に関係し合いながら機能的に結びつくことによって、結果として安定的で持続的な茶の生産・製造システムを獲得していることなどがわかった。

この調査を通じて文化財としての文化的景観の評価の仕方の端緒をつかむことができた。しかし、そもそも地域に出て自分の足で歩き、見て、聞くことが自然とできたのは、風景研での経験があったからこそである。

写真1　大山千枚田での調査（2005年5月撮影）

写真2　宇治市内の茶工場の実測調査

4．植物にまなざしを向ける

2010年度からは、南禅寺の造営や琵琶湖疏水の開削によって形成された京都市岡崎地域を対象に、「京都岡崎の文化的景観」の調査研究をスタートさせた。現地調査では、岡崎の現況景観の構造的把握を目的として、土地利用調査、景観構成要素分布調査、生業分布調査を、岡崎地区全域を対象に悉皆的におこなったほか、庭木や街路樹などの樹木調査等も実施した。

南禅寺は江戸時代には広大な寺領を有していたが、明治時代に入るとその多くは民間に払い下げられた。この景勝の地としての立地と琵琶湖疏水の開削に着目し、両者を巧みに融合させたのが塚本与三次と七代目小川治兵衛である。彼らはそこに別邸群の建設をプロデュースし、近代数寄屋建築と近代日本庭園を開花させた。

庭園には琵琶湖疏水から取水した水を使い、二次・三次利用を経て園池をめぐった水はもとの疏水へ、あるいは白川へ戻る。こうして、南禅寺界隈に網の目のような疏水ネットワークと園池群からなる独特の庭園文化が形成されていった。さらに、それらの庭園には、借景としての東山との連続性を意図し、多くのアカマツが植栽さ

写真3　琵琶湖内湖のヨシ原とヨシ生産を担う集落

写真4　宇治市内の覆下園と覆小屋

図1　地域の価値を1枚で示すことを目的として作製した「宇治の文化的景観」全覧図

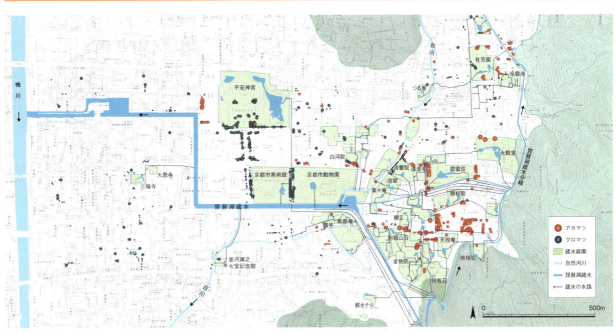

図2　岡崎の疏水ネットワークとアカマツ・クロマツの分布

写真5　輪島市三井町での調査中に山菜を見つけた瞬間（2007年5月撮影）

れた。近年、東山のアカマツ林は減少の一途をたどっているが、今回の樹木調査から、庭木としてのアカマツは一種の岡崎ブランドとして別邸群周辺の郊外型住宅にも植えられ、現在も大切に育まれていることがわかった（図2）。

麻生先生は植物についての造詣も深い。先生とフィールドに出るたび、木本類や草本類（特に山菜）の名前や特徴を教えていただいた（写真5）。文化的景観の調査において樹木を自身の強みにすることができているのは、学部一年生の時の葉っぱテストの経験がベースになっていることはもちろんだが、その後の風景研の活動の中で麻生先生から常に植物に関する知識と刺激を与えていただいたことが効いているからだろう。

5. 計画を組み立てる

調査からつむぎ出された「京都岡崎の文化的景観」の価値を継承するため、2012～2014年度にかけて保存計画の策定を進めた。文化的景観の概念や制度を自分なりに咀嚼できた頃で、計画づくりにもじっくり向き合えた。

保存計画前半の「目指すべき姿」や「実現のための方策」は、岡崎地域を過去の状況に戻したり、現在のまま維持したりするものではなく、変化しながらも岡崎らしさが持続することに留意した内容とした。保存計画後半は、具体的な保護の手法を、①核となる文化遺産の保護（建造物や庭園、街路、河川などの重要な構成要素を点的もしくは線的に保全）、②文化的景観形成への誘導（景観法等による文化的景観の価値に沿った面的なコントロール）、③地域づくりの推進（文化的景観の価値共有の取組と保全活動の支援等）、という3つのステージで示した（図3）。

この「京都岡崎の文化的景観」保存計画策定の際、麻生先生のもとでの学びをやっと活かせたように思う。ひとつは学部4年生の風景計画の演習で国分寺崖線の保全計画をつくった経験であり、もうひとつは大学院の演習で旧富士農場の活用提案をおこなった経験である。もちろん、当時の筆者の価値分析や課題把握は甘く、提案内容もありきたりである。しかし、そのときに教えていただいた計画の考え方や組立て方を活かせるだろうと、岡崎地域の保存計画に取り組む初期の段階で明確に気づい

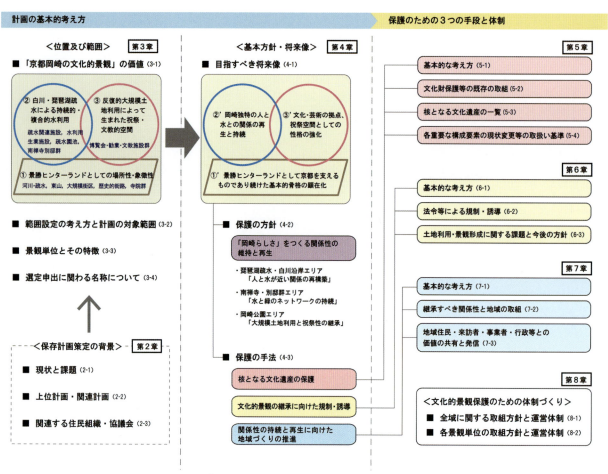

図3　「京都岡崎の文化的景観」保存計画の枠組み

た記憶がある。文化的景観に取り組むようになって失っていた自信をやっと取り戻せた出来事である。

6．概念を整理する

こうした地域での経験を積みながら、文化的景観とは何なのか、変化はどこまで許容しうるのか、守るべきものは何なのか、といった問いへの答えを探すことができた。また、建築学や都市計画学、歴史学、民俗学、生態学など様々な分野の研究者、行政やNPOなど多様な立場の方々との議論を重ねることで、徐々に文化的景観の概念を整理していくこともできた。そして、文化的景観に取り組んで10年目の2015年度、これまでの研究・実践の内容を幅広く伝えるメディア「文化的景観スタディーズ」シリーズを企画し、その第1巻として2016年3月に『地域のみかた　文化的景観学のすすめ』を刊行した（図4）。

文化的景観学では、文化的景観という見方で地域をとらえることにより、地域の自然基盤と人の営みの関係を探り、その相互作用が生み出す「地域らしさ」を地域の言葉で語ることが価値だと考えている。そして、その継承とは地域づくりそのものといえる。本書の具体的な内容は、風景研で学んだことというわけではないが、農大で仲間たちと過ごした約6年間の経験が素地になっていることは言うまでもない。

7．おわりに

多様な学術が関わる文化的景観に取り組んでいると、造園学出身者にしかできないことは何かを問われるシチュエーションがよくある。筆者にとってそれは、地域を広く視られることと、自然環境の知識がほどほどにあることだと考えている。

特に前者は地図が読めることが関わっているように思う。先輩方から地図折を教えていただいたときは、美しい折り方を知ったことと、地図を地域調査の基本とする仲間たちの存在を知ったことに、本当に感動した。風景研にはいって最初に教わったことで、そのときに折った

のは尾瀬の地図だったと記憶している。マップケースがある研究室も造園科学科のなかでは風景研だけだったのではないだろうか。地図好きの筆者にとって、そのケースは宝箱のようなものだったし、調査に行く前にみなで最初に地形図を広げて読むときは本当にワクワクした。目をキラキラさせた麻生先生との地図談義も忘れられない。そうした中で、地域を広く視る嗅覚のようなものを身につけさせていただいたのだと思う。

●●● 【麻生先生コラム】 ●●●

　長い歴史を有するわが国で、地域の自然環境と人々との共生の中から生まれた風景、地域ならではの生業によって生まれた風景は、日本人の原風景として誰もが共感するものであろう。そうしたものこそ、国民の財産（文化的景観）として将来にわたって保全・継承されていかなければならない。しかし、それらを守る本格的な制度が整ったのは2004（平成16）年の「重要文化的景観」（文化財保護法）によってである。恵谷浩子氏は学生時代、輪島市三井町の文化的景観調査や千葉県鴨川市の大山千枚田文化的景観保存活用計画のプロジェクト等に参加し、文化的景観への関心を深めていったと思われる。大学院修了後、国立文化財機構奈良文化財研究所の景観研究室に採用され、文化庁と地方自治体の間に入って重要文化的景観の選定業務をサポートするという数少ない業務に携わることになった。多彩な領域にまたがる文化的景観の制度については、多くの解決すべき制度上の課題や、普及・啓蒙の仕事が残されており、奈良文化財研究所では毎年「文化的景観研究集会」を開催してその解決に向けて取り組んでいる。それを推進している中心人物が恵谷浩子氏であり、今後取り組みの成果が期待されるところである。

図4　『地域のみかた　文化的景観学のすすめ』表紙

2−2. 八丈島大里地区の玉石垣集落の調査

荒井　清児

八丈島は国内でも屈指の台風常襲地である。

そのため大里地区の集落は、山の斜面に寄り添うように、木々に埋もれるようにある。空中写真を見ると、緑に覆われた西斜面にシルバーの金属板で葺かれた家屋が多く点在しているのがわかる。鉄筋コンクリート建の陸屋根もいくつかあるようだ。かつての茅葺きは廃れる一方、瓦は船便で入手するには重くかさばるため、島では家主の豊かさを象徴するものとなっている。漁労にとっては海岸近くの平地に船屋や住居をコンパクトにつくるところだが、ここ大里では海辺から離れ、高い地に集落が離散的にある。同じ強風に備えた構えをもつ石川県輪島市の大沢、上大沢とは、その立地と集住の形、自然の受け入れかたがずいぶん違っている。どうやらここ大里では、生活用水が安定して得られるかどうかが優先されて集落の形が決まっているようだった。土壌は火山岩質で透水性に優れることから、ため池などによる貯水ではなく、山腹からの湧き水をシェアするための離散状態であるようだった。道路は狭く、集水量も限られることもあってか、道路脇のあちこちに消火用の貯水槽が目につく。

1999年の夏の集落調査は焼け付くように暑かった。日

写真1　八丈島大里地区の玉石垣

写真2　八丈島大里地区の玉石垣

差しはジリジリと強く、風は湿気を多く含み、空気がやたらと重かった。常緑の屋敷林からこぼれ落ちる路上の木漏れ日のコントラストは切り絵のように鮮烈で目がくらくらした。そんなぼやけた頭を時おり潮の香りが揺さぶり起し、いま太平洋の孤島で調査しているという現実に引き戻されることが何度もあった。まだ熱中症対策という言葉が一般的でなかった頃のことだ。

調査用の記入用紙が汗でべとついて仕方がなかった。先生も「暑い、暑い」と繰り返していらしたけれど、いつものあの笑顔で、ちっとも暑そうに見えなかった。たしか首に濡れた手ぬぐいを巻いて、頭には探検隊のような白いハットをのせていらしたように思う。

ゆるい網の目のように張り巡らされた集落の坂道は、分岐と日向と日陰を繰り返し迷路のようだった。でもそこここに生活の気配、人が築いた村の息吹があって、迷子になるような不安さはなかった。本土の伝統的建造物群保存地区で感じられるような、凛とした緊張感や格式張ったところ、賑やかな繁栄の痕跡が少なく、朗らかで野生的な体温を発する、とても身近なスケールの集落だった。ごく小さな王国の統治の名残とでも言おうか。その沿道には特徴的な石垣が不連続に展開していて、そ

の向こうには眠る牛のようにぬっと家屋があったり、陽炎の中に揺らぐ畑があったり、奥底の知れない濃緑の森があったりした。畑の一角にあるアイボリーの大輪の花を指して、あれがオクラの花だと教えてくださったのも先生だった。鞘の角が彫刻的に隆起し、硬い棘をもつその花は、島中の庭先に咲いているブーゲンビリヤなどよりよほど南国的で、ヒリヒリと動物的だった。

集落内にはフェニックス・ロベレニーやソテツ、リュウゼツラン、シュロ、ビロウなどの露地栽培の農地もあれば、ビニールハウスや家庭用の菜園もある。藪化した草地もあれば、赤黒い火山岩礫の敷かれた名前のつけようのない場所もあった。野草が繁茂する中に、温暖な気候に特有のサボテンやアロエなどの園芸種が、自生種のような顔をして無骨な茎を路上に差しだしている。そしてそれらに紛れて玉石垣があった。茂みに横たわる大蛇の鱗のように、その模様が切れ切れに草むらや緑陰に続いていた。その石垣の姿は、数百年前から続く、終わらない夏の夢を見せられているようだった。

集落内はいつもどこも静かだった。私たちも時々感想を呟く程度に歩き続け、先生の一眼レフのシャッター音が鳴く虫のように聞こえた。あの頃はまだデジカメがなかったのだ。報告書の図表や写真は、根気よく切り貼りしていたものだ。それにしてもあのとき、あの暑さの中でセミは鳴いていたのだろうか。頭上の高いところで野鳥が賑やかだったこと、先生がその鳴き声から鳥の名を呟かれたのは覚えている。でも鳥の名は忘れてしまった。あの鳥がアカコッコだったろうか。

ようやく集落の高台にたどり着き、そこから見た景色が忘れられない。家屋も神社も、道も港も緑に埋もれ、

写真3　都道沿いの玉石垣と八丈富士

写真4　玉石垣の小道と八丈小島

島の暮らしの全部が木々の中に溺れるようにあった。見ようによっては、未開の地のようでもあった。その先に茫洋とした太平洋が広がり、止むことのない無数の波が島に押し寄せているのが一望された。空はといえば、雲が群れ飛び、これらも島へ島へと打ち付けているように望まれた。あぁ、島では全てのものが海からやってくるのだなあと、とても開かれた気持ちで潮風を吸い込んだのを思い出す。そしてこの時、ここを扇の要のようにして、また集落を南北に貫く道のシークエンスを想起しながら集落の景観図を作成しようと決めたのだった。先生もここで「逆光が強いね」とおっしゃりながら、何度も、何度もシャッターを押されていたのを覚えている。吹く風さえも暑い夏の昼下がりだった。

集落の歴史的な環境資源は個性的ではあったけれど、全体を明瞭に秩序づけ、家屋や庭、道などと不可分なまま純度高く残されているというわけではないような印象をもった。文化財における環境物件の限界や造園的、景観的な要素と保存計画を親和させるための施策技術的な課題を先生もよく承知されていて、計画立案や運用面での不安を何度か漏らされていたのを思い出す。落としどころは手探りだけれど、文化財現地調査に景観と計画の視点から着手することの意義を第一に、地域の方々の生業や島の主要産業である観光の振興策への展開も見据えて取り組む旨のご指示がその日の夕どきにあったように思う。

この方針の表れが、玉石垣の分布調査や実測調査とともに行われた玉石垣修復イベントの実施であり、活動の様子を情報発信するニュースレターの発行と配布であり、調査結果を話題に地域の方々と開催した報告交流会

であった。今では当たり前になった情報発信や市民対話、協働、アカウンタビリティなどを調査のオプションに加えてコンパクトパッケージし、調査全体が学究的なフィールドワークに傾きすぎないよう、成果へのプランナーセンスの移植を常に意識されていたと思う。先生はことあるごとに、教育委員会との綱引きや調整を繰り返されていた。文化庁の方や東京都の教育委員会の方も来島し、先生が率先して集落の視察を案内されていた。その一方で業務の進み具合は島時間の影響を受けがちで、基礎資料としての体裁は整いつつも、計画的見通しや合意形成、行政のリーダーシップ発揚について難航している様子が空気として伝わってきていた。保存に向けた八丈町の意向・力点は、文化行政の成熟や観光振興等よりも、即効性のある類の単発的な公共事業の創出にあるかもしれないことがじわじわ実感されつつあった。大学人にとって、また建設コンサルタントにとっても、いちばん息苦しさを感じてしまう状況だ。それでも先生は、文化財的価値が適切に認められれば、家屋の居住環境の改善も見込めるとの説明や花卉栽培農業の可能性を地域の代表者に会うたびに重ねられていた。弾けたバブルの荒

写真5　調査結果報告会の様子

波は、この島へはまだ到達していないかのようなうららかさであり、世相の伝道師になり得ていない私たちには、この事態がかえって歯がゆかった。

　ある時先生に、玉石の利用作法を明文化し、集落内だけでなく周辺地域も含めた広域での整備ルール（今風にいうなら景観デザインのローカルルール）の雛形も今回の成果物として盛り込めないだろうかと提案した。国立公園内にあって海岸での玉石の新規採取は困難なことか

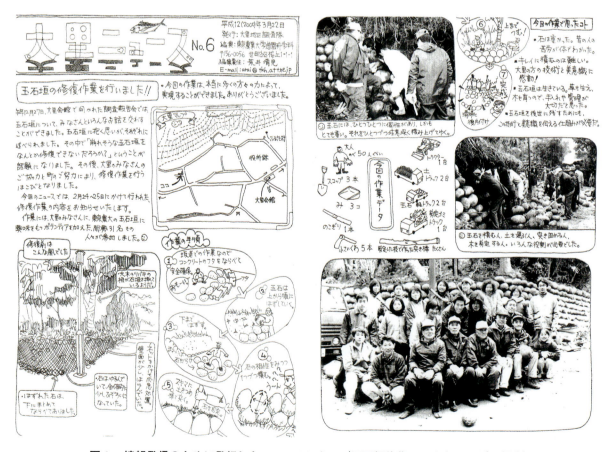

図1　情報発信のために発行したニュースレター（玉石垣修復ワークショップの報告）

ら、将来的な資材確保と工法の記録を兼ねた報告と検討が必要だと考えたためだ。すると教育委員会を通して、近傍で目下進行中の公共工事事業者と話し合いをもつ運びとなった。きっと先生がすぐに段取りを指示されたのだろう。集落直下の港では都による港湾工事の槌音が響いており、相手は中堅ゼネコンの現場代表者だった。港湾工事における景観配慮を伺ったが、機能的なコンクリートの構造物を打設するのみであるという。かといって無配慮な対応を貫くつもりもなく、例えば玉石をコンクリートで固めて部分的な化粧に利用するなどいかがでしょうと、案外あっさりと提案されて愕然とした。

　玉石は、土と砂利だけで固定されていなければいけない。数百年かけて運びあげられた玉石をコンクリートで固定してしまうと再利用が効かなくなるためだ。集落のあちこちで玉石垣が必要に応じて解体され、再び積み直されている箇所を確認していた。また余った玉石の仮置場もあった。調査中にも解体され、新しく築かれた玉石垣が複数箇所で確認されていた。集落の人々にとっては、玉石も玉石垣も生きたものであり、それが元々の扱い方なのだ。集落西端、入江を見下ろす崖の上にある４神社の境内に累々と積まれた玉石は、パワースポットに引き寄せられた繭型の精霊のようでもある。無加工の丸い石材が、生活の基盤を支える身近な素材として用いられるだけでなく、設置場所を変えるだけで信仰物に化身してしまうこの民俗的態度こそが形を伴わない文化財であり、玉石垣保存の本質であるように思われた。

　結局、親水的な場所も設けない無骨な波止場工事に中途半端な化粧はむしろ不要であること、集落での玉石不足の現状をお話しし、玉石の無駄遣いを是非慎まれるよ

図２　大里地区の景観資源分布図

うお願いして場を辞した。エアコンの効いた事務所を出ると外には工事に従事する、よく日焼けした島の男たちがいた。彼らに玉石を生き埋めにするような工事をさせてはいけないと強く思った。彼らの原風景には玉石が潜んでいるはずだ。

　大里での調査は、造園調査・計画の王道とは異なり、畑違いの難しさがあった。文化財行政は地方から、人から変わらなければいけないという先生の一言は、コンサルタントが変えなければいけないという意味であり、環境計画の基礎調査として必要充分な内容も盛り込もうというのは先生なりの励ましでもあったのだろう。計画や設計を志向しながら造園コンサルに身を置かず、造園の周りに割拠する建設技術分野に居場所を見つけつつあった私にお声がかかったのも、そんな造園の踏み外しぶりに期待されてのことだったのではないだろうか。とはいえ先生は、日本ナショナルトラストの方々と分野横断的にお忙しくされていたことを知っていた安心もあって、太平洋の孤島で集落調査ができるならとお手伝いすることになったのだった。いま手元に残る二冊の報告書の目次は整理されて並んでいるけれど、建築チームとの役割分担、成果の書き分け、問題や課題整理について、先生による調整、折衝が何度か挟まれた経緯があったと記憶している。

　そしてこの調査の実質的最後はあっけなく訪れた。それは大都会を見下ろす東京都庁の、集められた人数にしては広すぎる一室でのことだった。しかしここで得られた経験は、もう一つの垣の村、輪島市大沢、上大沢へと繋がってゆくのだった。

写真６　集落下の海岸に産する玉石

写真7　様々な玉石垣の形態

文　献
1) 伝統的建造物群保存対策調査委員会（2001）：大里地区—伝統的建造物群保存対策調査報告書—、東京都八丈町教育委員会.
2) Ayumi ARAI, Seiji ARAI（2000）：Study on Restoration of Boulders Walls in Osato District in Hachijyo Island, JAPANESEINSTITUTE OF LANDSCAPE ARCHITECTURE, 194-195

●●●【麻生先生コラム】●●●

　文化庁伝統的建造物群保存地区の担当官から「八丈島に玉石積みで囲まれた集落があり、重要伝統的建造物群保存地区に選定したい。建築物はあまり残っておらず、屋外の玉石積みが主な要素になるので造園分野の麻生先生が中心になって調査して欲しい」との依頼があった。そして1998年度から3年間の調査プロジェクトが始まった。建築分野の調査は東京家政学院大学の大橋竜太先生にご担当いただいた。30〜40センチもある卵型の玉石はすべて海岸から傾斜のある高台の集落に運び上げられたもので、屋敷周りだけでなく、傾斜地を切り盛りして造成した畑などの段差部分にも沢山使われていた。また暖地のため植物の生長が早く、ヤブと化した中にも玉石積みが各所に残っており、分布図作成に苦労した。また調査期間中に、あるお屋敷の玉石垣を積み直すことになり、技術の伝承も兼ねて、技術を有する数少ない古老に指導者になってもらい、地域の若手の方々や学生が一緒になってワークショップ方式で修復工事を行ったこともあった。こうした様々なプロセスを経て3年間をかけて立派な報告書が完成した。ところが、次のステップである重要伝統的建造物群保存地区選定への申し出段階になって、事業はストップしてしまった。地元行政側の協力推進体制が全く整っておらず、従来型の文化財行政の枠を越えて総合的なまちづくりの取り組みが求められる重伝建選定への対応が出来なかったからであった。

2-3. 輪島市大沢・上大沢地区の間垣集落の調査

荒井　清児

　八丈島での文化財調査終結からおよそ5年後の2005年、輪島の大沢・上大沢地区の調査は、いきなり教育長の部屋に通されるという厚い待遇から始まった。能登半島地震の2年前のことだ。急ごしらえの感の強かったかつての調査体制も一新し、日本ナショナルトラストが関与し、より高度な文化財保護事業に向けて文化庁や市との矢面に共に立つこととなっていた。つまり契約内容が幾皮も剥けたのだ。しかし我々の学究的な信条はそのままに、八丈・大里の玉石垣同様、形を変えて存続し続け、一時失われては時と場所を変えて再生し続けるものの記録と保存の展望を探ることに時間と労力が費やされた。

　八丈での一件から私たち景観チームもそれなりになっていたようで、今回の調査では、先生のチームとは別行動をとるようにとのことだった。そして八丈島・大里の調査で積み上げた情報整理手法、評価手法を活かし、さらに深化、洗練させることが求められていた。そのため先生の計らいで、ゼミ出身で輪島に移り住み、家庭をもった本口（旧姓・高梨）夏美さんが私たちの水先案内人としてあてがわれた。また地元のキーパーソンである砂上正夫氏（輪島市教育委員会文化財室長）による手配も受けられ、現場に味方のいる体制となった。両氏には現地に入るたびに人つなぎの労をかってでていただき、お世話になった。また、こちらのゼミからも学生を戦力として投入し、このことが後に論文、日本造園学会技術奨励賞として結実した。

　作業全体を概観すればこれは調査に違いなかったが、その実務は設計スタディのように原点回帰を繰り返すシャドーワークの様相をしばしば呈した。この先失われてゆくものの分布と質の判定の記録としてではなく、これからも形を変えゆくものの一時代のあり様を記録し、伝承性を模索することが目指された。それは物件の測量や採寸に始まり、分布状況の把握と写真記録、ディテールや工法の記録、メンテナンスや役割分担、所有、私権に関するヒアリング、竹の入手と選別に関わる目利き、採取場所の確認、広域調査、持続可能性のシェアと広範囲にわたった。

　八丈島での石垣（玉石垣）も、輪島の竹垣（間垣）も構造や所有が連担することで初めて地域的意味を持つ環境要素であり、文化財である。家屋や遺物のように単体で独立してあるわけでもないため、それひとつだけを取り出して丹念に調査することだけは見えにくいものがある。そこで私たちは、モノとして間垣に接近し、凝視したくなる態度を控えて、それが作られ、使われ、繕われ、更新されるという、人為が常に介入する状況下にあるモノをライフサイクルの視点から調査、分析することとした。それは輪島の漆塗りのように、手仕事の積み重ねの結果受け継がれてきた環境財としての価値発見を目論んでのことだった。そしてこの探求は、間垣という伝統的構造物の歴史的価値の定義や判定水準設定に留まることなく、間垣が創出され続ける環境を下支えする、人によって整えられた土地そのものの評価の発見に繋がっていった。大きな枠組みでいえば、里山・里地・里海というコンパクトに連鎖する環境総体の発見と評価といえるが、私たち景観チームは、間垣の素材が採取される竹林（ニガタケ）の場所を特定し、失われつつあるその場所の名前を発掘し、集落と後背地との見えにくくなった関係性のあぶり出しと蘇生を試みた。

　私たちがそこで目の当たりにしたのは、自然風景地に寄り添って暮らす人々の営みの広さだった。急峻な地形に囲まれ、集落規模もコンパクトだからと取水地や耕作地、墓地、共有地などが見えるほど近くに分布しているわけではなく、山や谷を越えて、時には隣の集落に迫るほどの位置にまで生活の必要物を得る触手が伸びていた。その触手にはセンサーのようなものが埋め込まれていて、ある緊張感のもとに互いの触手が地域を網羅し、巧みに住み分けている様相が伺われた。もちろん自動車

の所有と利用が一般化して、地縁的地域スケールの拡散と流動化は進み、量販店での物品、サービスの調達が当たり前になっており、網羅される里山には管理が放棄されたような空白地帯も散見された。それでも地域の人々の里山への愛着と専用意識は未だ色濃く、襞の多い山塊に陣を張りあうような状況が浮かび上がってきた。それは見えてはいないが確かにそこにあり、名付けられ、ネットワークされた、優れて文化的な意味と歴史を含んだ景観だった。かつて樋口忠彦が景観論の思索の先に見出した「生きられた景観」が私たちの視野にその気配を表し始めていた。

一方集落内での地道な調査は、先生の地ならしのお陰もあって順調に進んだ。間垣の歴史的価値の定義のための言葉を鍛えつつ、現況から伝統的な類型を整理して物件毎にタイプ評価を行い、環境要素の属性分析を重ねた。そして間垣の存続が窮地に至っているプロセスを時代と環境の変遷とともに整理した。その後、物件の一覧化と写真整理、伝統類型による分布図の作成に目処のついた頃、絵図や写真などからかつての集落の景観検証を発案した。それは伝統的な間垣の原初的な姿を把握し、再建や修復にあたって手本とすべき基本モデルを持つことの必要を感じてのことだった。この必要は「本来の間垣とはどのような姿なのか」という時の、「本来」とは何を指すのかという問いから発していた。しかしこの検討は叶わなかった。地区は大規模な火事による集落の被災を繰り返しており、古い写真はおろか、民俗的な資料が残存していないことがわかったのである。また北海道への集団入植のあったことも知った。景観を再現する資料の入手は絶たれてしまい残念だったが、それ以上に、様々な事情でモノに込められた集落の記憶が吹き飛んでしまうこともあるのだという、過去の出来事から波及する歴史の実像への畏怖が優った。

この集落の持続性を思うたびに、これまで再生と復興に取り組んできたタフな精神と言い表せないほどの試練の克服に共同で取り組んできた地縁的結束に敬意を感じないではいられなかった。また人や集団がその場所を離れず、見捨てず、また離れられず、そこに住み続けることの根源的な動機や成り行きをどのように理解してよいのかわからず、立ち止まることがしばしばあった。どんな顔をして、どのような言葉で語りかけ、集落の物語に耳を傾ければよいのかわからず戸惑うばかりであった。

それは、住民の方々への問いかけの全てが"なぜ今まで間垣が、集落が残ってきたのか"というシンプルな問いに直結するからであり、環境や歴史の倫理に触れないまま安直に運命を問うべきではないことが自覚されたからである。

今でもその思いを強くするのは、阪神淡路（1995.1）や三宅島（2000.8）、新潟（2004.11）、能登（2007.3）、東日本（2011.3）、広島（2014.8）、御嶽山（2014.9）、熊本（2016.4）、島根（2016.10）、糸魚川（2016.12）といった相次ぐ災禍のあとさきをセンシティブに感じざるを得ない時代の気分によるのだろうか。あるいは事物のありようを図と地の関係から見つめ、常にバイプレイヤーを粛々とこなす職能的態度から来るものなのだろうか。戦火をへて疲弊した私たちの国土は大きな台風と洪水を度々経験し、このことが都市部や都市間インフラの強度を高めることになったが、同時に風景の本来も失うこととなった。この職能に特有の地味な傾向について真面目にお話ししたことはないけれど、先生がイギリスの田園や湖水地方の美しさを説いてくださった折に、首都と地方の構図の話から、これを都市と田園の関係とごっちゃにして議論してはややこしくなりますよねというような話になんとなく移っていたという茶飲み話の一幕が、間垣の写真をブラウズしながらぼんやりと思い出された。

あの頃の先生はといえば、輪島市の内陸部、三井地区の地域コミュニティと深く関わることを志向され、継続をモットーに取り組まれていた。まだコミュニティデザインなどという学術・技術分野もない頃のことで、地域活動のソフト開発や人材育成、行政支援プログラムの構築に取り組まれていた。里山ステイの走りともいえるだろう。先生のゼミの院生も打ち合わせや現地に頻繁に顔を出して指揮する姿が見られ、ゼミ内の臨戦体制ぶりが見て取れた。それはそのまま、先生がずっと取り組みたかったことを実地展開している組織風景であった。人のつくる、活力ある風景がそこにあった。

風景計画には終わりも正解もないのが本筋とされてきた。とても夢があり、この学業の偉大さと寛容さを表す言葉である。しかし風景計画に関われば関わるほど、ひとりの人に与えられた時間は短いと近頃よく思う。また本来の自然と時間が変わり続ける局面に居合わせていることに気づくようにもなった。転居や転職、婚姻、この度の先生のように退職という節目があればこその人生だ

写真1　輪島市上大沢地区の間垣景観

が、風景の持続性はこれよりはるかに超越的だし、伝統的な集落では保守的であることが何よりの護符であった。たとえ今様の変化があったとしても、変化と安定の橋渡しをするのが、地縁や血縁、行政支援のリレーや連携といった風景のセーフティネットとされてきた。でも本当のところは、計画の及ばない信託や希望的な理路でできているのではないか。あるいはそうではなく、そもそも風景計画学は楽観的にできているのだろうか。戦後70年というけれど、風景計画に尽力されてきた歴代の諸先生の寿命を足した年数ほどに歴史の長くないコミュニティ技術では、未だ立証も乏しく検証の成果はまだまだなのではないかとオロオロしてしまう。

　先生ならば、だからこその大学教育であり、地域交流による新陳代謝でなんとかなるものだと、純朴かつ真っ直ぐに諭されるだろうか。あるいは九州男児らしく、村の大事なことはお酒を飲みながら決まるし、なんとかしてくれる人が現れるものだと励ましてくださるだろうか。

　さて、その後の輪島とこれからの景観計画である。これを行政用語に換言すれば、地域振興や村興しというよりも、地方創生といったほうが通りがよいのも隔世の感だ。また巷で田園を話題とする際は、地方移住や別荘、脱サラ、帰農よりも、ライフスタイル、起業、ローカルコミュニティ、ソーシャルデザイン、スローライフといった言葉の方が歓迎されているようだ。地方に光をあてる情報誌やサイト、SNSも随分充実した。そして同時に風景や計画の「本来」も一気に多義化し、重複と蓋然を曖昧にしている。産業や文化とのコミュニケーションをあたりまえの器量とし、技術と自治を融合するイノベーションが景観にも求められているのかもしれない。いずれにせよここ輪島は、先生にとってライフワークの場のひとつであり、縁者の住まうセカンドホームであること

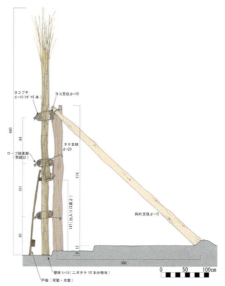

図1　伝統継承タイプの間垣断面図

に変わりはないだろう。国中にゆかりの地が星座のようにあり、これからもその間を渡り鳥のようにマイグレートされることだろう。だからこそ、縁者達によってここに寄せられた筆跡が、過去に向けてではなく、地方の時代を生きる野武士達の未来、そして変異する本質の向こうを指し示すポラリスとなることを願ってやまない。

文　献

1) 荒井　歩・荒井清児（2009）：石川県輪島市大沢地区・上大沢地区における間垣の特徴について、造園技術報告集No.5、140-143.
2) 荒井　歩・荒井清児（2009）：石川県輪島市大沢地区・上大沢地区における間垣の維持管理について、造園技術報告集No.5、144-147.
3) 荒井　歩・本多秀行・荒井清児（2011）：石川県輪島市大沢地区・上大沢地区における間垣維持管理の工程、造園技術報告集No.6、94-97.
4) 輪島市文化的景観調査検討委員会（2012）：能登・間垣の里―文化的景観保存調査報告書―、輪島市教育委員会.

写真2　輪島市大沢・上大沢地区の風景

●●●【麻生先生コラム】●●●

　石川県輪島市との関わりが生まれたのは、2001年に白米千枚田が国の名勝選定を受け、その保存管理計画の作成に関わったからである。そのプロジェクトの期間中にも大沢・上大沢の間垣集落には輪島市教育委員会の文化財行政担当者と時々訪れていた。そして2008（平成20）年10月、いよいよ重要文化的景観選定に向けた調査検討委員会が設置され、その委員長をお引き受けすることとなった。委員会と行政側を繋ぐ役割として、㈶日本ナショナルトラストの土井祥子氏が担当となった。実質3年間の調査期間を経て平成24年春には立派な報告書が完成した。また、並行して進められていた重要文化的景観の景観規制の拠り所となる「輪島市景観計画」（景観法による）も完成し、対象地を「景観重点地区」に指定してもらった。ところが、地区住民の合意が取れず、文化庁への重要文化的景観選定の「申し出」になかなか辿り着けない日々が続いた。住民の説得に責任を持ってあたる文化財行政担当者の度重なる交代も影響した。ところが、対象地がNHK朝の連続ドラマ「まれ」の舞台として選ばれるや否や、輪島市をあげての取り組みが始まり、2015（平成27）年秋、重要文化的景観の選定を受けた。重要文化的景観の選定は従来の文化財行政とは異なり、農林漁業や観光、都市計画など様々な領域との連携を必要とすることから、ひとつの「まちづくり」である。行政マンには従来にない幅広い能力と熱意が求められることを痛感したプロジェクトであった。

3−1. 輪島市三井町の農村景観の保全に向けた地域連携

輪島市地域おこし協力隊
山本　亮

1. 地域に根づいた三井町での活動

「おっ！また農大生が来たのか？」本活動を通して石川県輪島市三井町（みいまち）へと移住した筆者によく聞かれる質問だ。それは農大生が来る予定がない日でも聞かれる。そう、今や三井町では「地域の方が知らない若者＝農大生」と思われるほど、本研究室の活動が根づいている。

写真　三井町の住民と農大生の交流

三井町は日本の農村の原風景を残している地域である。この風景をいかに守り、未来へと継承していくのか、2005年にスタートしたこの活動は、徐々に連携が深まり、地域の活性化や地域文化の保全へと活動の幅が広がると共に、2016年11月時点で3名の移住者を生み、来年にもさらに1人移住者が生まれる予定である。本項では、本活動の経緯と内容及び三井町の魅力について紹介する。

2. 輪島市三井町の魅力

石川県輪島市は能登半島の北部に位置し、里山・里海に代表される日本の伝統的な風景や文化が色濃く残されている地域である。2013（平成25）年には能登半島全域が日本で初めて世界農業遺産に認定された。世界農業遺産とは、近代化の中で失われつつある、その土地の環境を生かした伝統的な農業、生物多様性が守られた土地利用、農村文化・農村景観などを「地域システム」として一体的に維持保全し、次世代に継承していくことを目的としている。能登半島の里山・里海は後世へと引き継いでいく価値があると世界から認められ、その中でも三井町は特に美しい里山が残っているのである。

写真　三井町の農村景観

三井町は輪島港に流れる河原田川の源流部にあり、ちょうど穴水町、能登町との境に位置する。

図　三井町の位置

そして輪島の市街地に約10km、曹洞宗の本山がある地として栄えた門前町まで15km、穴水町の中心部まで10kmという立地から交通の要衝として栄え、かつてはその立地を活かし、薪・炭を北前船などで全国に供給していた。燃料が薪・炭から石油燃料へと移り変わってか

らは、県の木、市の木にもなっている「アテ（能登ヒバ）」の一大産地となり、林業を主産業とした地域として発展した。

しかしながら、近年では全国の農村同様、過疎高齢化が進む地域となっている。それに伴って山林や田畑の担い手の不足・荒廃が進み、三井町の美しい農村景観や紡がれてきた伝統・文化の維持も難しくなってきている。

3．活動の経緯

2001年に「白米千枚田」の棚田が国指定文化財名勝に選定され、その保存管理計画策定事業に麻生先生が参加したのが輪島市との交流の始まりである。その会合に出席する際に三井町を通り、その美しい農村景観に麻生先生が惹かれたのがきっかけで、2005年に行われた輪島市三井町地域の文化的景観調査に関わることとなった。そしてその翌年（2006年）に、さらに深く景観を調査するため、三井町での研究室全体の夏合宿が行われた。

当初、三井町での夏合宿はこの1年だけの予定だったが、以来11年間連続で夏合宿が行われるようになったのは、地域住民の方からのある言葉と卒業生が移住したことによるものであった。ある言葉とは、2006年の夏合宿の調査結果を三井町の方向けに報告した際に、三井経済活性化協同組合の山浦氏から言われた「多くの大学がこれまでもこの地を訪れているが、1回来て2～3日いただけで分厚い報告書を残してもう来なくなる。それでは地域に何も残らない。景観がいいというなら、夏の景観だけでなく、四季を通して、そして年数を重ねて関わってほしい。」という言葉である。そして、その時に4年生として訪れていた2007年卒の本口夏美（旧姓：高梨）が卒業後の進路として、輪島市への移住を希望したことによる。その後、三井経済活性化協同組合と本口は連携の窓口として大きな役割を果たし、2年目以降の夏合宿が開催されることとなった。その後は、「地域資源を利用した地域活性化と持続可能な地域づくり」を目標に取り組んでおり、まるやま組、三井公民館、みい里山百笑の会など様々な主体がこの連携活動に関わるようになってきた。

4．景観に関する基礎調査

三井町の最大の魅力である美しい農村景観の構造を把握し、今後の保全計画や地域活性化に向けた活動の基礎

表　輪島市三井町での農大の活動

年度	連携内容・特徴的な出来事
2005年度	【調査】三井町地域の文化的景観調査
2006年度	【夏合宿】景観調査 【移住】51期卒業生の本口夏美が移住
2007年度	【夏合宿】三井の魅力発見！ワークショップ 【連携活動】かや～ての開催支援開始 　　　　　農大収穫祭での学術展示の開始
2008年度	【夏合宿】三井の魅力を形に!!ワークショップ
2009年度	【夏合宿】三井町カルタの製作 【連携活動】農大収穫祭の模擬店にて三井町の農産物の出品開始
2010年度	【夏合宿】フットパスマップの作成① 【連携活動】アテの森フェスティバルの支援開始
2011年度	【夏合宿】フットパスマップの作成②
2012年度	【夏合宿】五感マップの作成
2013年度	【夏合宿】地域資源の活用と1日カフェ
2014年度	【夏合宿】活動開始からの景観の変化の調査 【移住】53期卒業生の山本亮が移住
2015年度	【夏合宿】茅の分布マップ作り 【連携活動】茅刈り活動への参加開始 【移住】58期卒業生の棟近貴之が移住
2016年度	【夏合宿】農家民宿の宿泊実験 【移住】61期の土門優花が移住（予定）

資料とするため、2005年、2006年と景観調査を行った。その結果、三井町の景観の特徴として大きく4つのポイントが挙げられた。

①土地利用の統一性

三井町は河原田川とその支流に沿った盆地状の地形に形成された集落である。川を中心にして、平地部を田んぼ、山林をアテとスギの複層林や広葉樹の薪炭林として利用し、平地部と山林部の境に集落が形成されるといった土地利用で統一されている。なお、集落が山沿いに成立したのには、日当たりのいい平地部を出来る限り広くすることで、田んぼの面積を増やすこと、山から染み出る湧き水を飲用水として使えるようになることがあげられる。

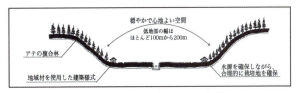

図　統一された三井町の土地利用

②建築物の統一性

土地利用だけでなく、建築物も統一されている。ほと

んどの敷地で母屋、納屋、土蔵が建てられ、母屋は能登瓦の屋根に、白漆喰、真壁づくり、横板で形成された壁で構成される。また、そうした集落の中にポツンポツンと屋根の高い茅葺の民家が今なお残り、ランドマークとなっている。

写真　三井町の建築物の統一性

③人に安心感を与える地形
三井町は源流部であるが、うっそうとした急峻なイメージはない。三井町の地形は、100〜200m前後の広くもなく、狭すぎない平地と標高差が100m前後である山林となっている。周囲を山に囲まれながらも山が迫ってくるような圧迫感はなく、ほどよい距離感と視線を動かすことなく青々とした空と緑の山が見えることで、安心感と心地よさを与える地形構成となっている。

写真　穏やかで心地よい三井町の地形

④景観阻害要素の少なさ
これは能登半島全体でもいえることだが、景観阻害要素となる看板やブルーシート、ポスター、伝統的な土地利用や建築物にそぐわないものがほとんどない。

5．ワークショップ手法を用いた意識の醸成
農村景観の保全、地域活性化のためには、地域の方が自分たちの地域の資源や魅力を再発見することが重要となる。そこに大きな役割を果たしたのがワークショップの手法を用いた活動だ。ワークショップとは、皆で話し合いながら共に学びあったり何かを創ったりする手法のこと。大学側から地域の方への調査結果等の報告といった一方的な伝達ではなく、相互に知識や想いを共有することを重視してきた。これによって、地域の方は自分の話を興味津々に聴く学生の反応から、当たり前と思っていたことが魅力と気づき、逆に学生にとっては農林業や生活文化、里山に関わる暮らしの知恵、地域の状況などをより深く学ぶ効果が生まれた。

写真　ワークショップの様子

2007年には第1回のワークショップとして「三井町の魅力発見!!ワークショップ」を開催し、地域の方と学生が同じテーブルに座り、三井町の魅力を共に話し合い、マップへと落とし込んでいった。翌年には、掘り起こした魅力をどのように生かせるかを考える「三井町の魅力を形に!!ワークショップ」を開催し、地域の方と学生が共に三井町の魅力を掘り起こし、持続的な地域づくりへとつなげていこうという機運が生まれていった。

ワークショップと名前をつけて活動をしたのはこの2年間のみであったが、それ以降もワークショップの考え方に基づいて、その手法を随所に取り入れながら、地域の方と学生が共に学び、共に気づき、共に活動することが三井町における活動のベースとなっている。

6．地域資源の見える化
2009年から2010年までの2か年で行ったのが「三井町フットパスマップづくり」である。フットパスとは田園地帯など、地域の昔からあるありのままの風景を楽しみながら歩くことができる小道のこと。地域資源を分かりやすく見えるようにし、三井の美しい農村景観を歩いて楽しんでもらうことを目的に作成した。これまでに調べてきたビュースポットや地域資源に加えて、地域の方と現地を歩いて周る調査を行い、冊子として地域の方や葺

図　三井町フットパスマップ

庵等の観光施設に配布した。

　2008年には三井町の未来を担う子ども達に地元の魅力や暮らしの価値を知ってもらうため、地域資源を読み札に取り入れた「三井町カルタ」を作成し、小学校と公民館に配布した。遊びながら地域のことを学べるツールとして好評を得ている。

　さらに2012年には、三井の子ども達と学生が一緒になってまち歩きをし、五感マップの作成を行ったり、学生が学校で授業を行ったり、小学生が運動会で農大名物の大根踊りをとりいれたダンスをしたりと交流が深まってきている。

写真　子ども達とのまち歩き

7．地域資源を活用した新たな生業づくり

　2013年からは持続可能な地域づくりに向けて、地域資源を活かした新たな生業をつくるための活動へと移り変わった。三井町が持続可能な地域となっていくためには、そこに人が暮らし、里山に関わっていくことが必要であり、その糧となる新たな生業が求められている。本活動では、地域の方が取り組む新たな生業づくりに学生の力を活かして支援していくことを主眼に取り組んでいる。

①旧駅舎を活用した1日カフェの運営

　能登鉄道の穴水〜輪島間の廃線に伴い、不要となった「能登三井駅」の駅舎。2013年に地域の賑わい・交流の拠点だった駅舎を再生させたい、駅舎でカフェをやりたいという三井の方が現れたことに呼応して、農大生による1日カフェを行った。このイベントは翌月にオープンを迎えるカフェの宣伝を兼ねて、これまで集会場などで行っていた合宿の報告会を旧駅舎で行った。提供メニューも学生が考え、三井町内の耕作放棄地をつかって学生が育てた野菜を用いたり、来店者が自慢の漬物をもってくる代わりにドリンクをサービスにすることで食の資源の蓄積と交流の促進が進むように工夫をした。結果、これまでの報告会の来場者数の倍以上となる100名近い来場者があり、イベントは盛況に終わった。現在では旧駅舎は「駅カフェ」として定着し、地域の方の交流、食を楽しめる場として親しまれている。

写真　農大生による1日カフェの様子

②遊休農地を活用した茅の栽培

　三井町のシンボルである茅葺屋根を維持していくために欠かせない茅だが、近年は全国的に不足状況にある。一方で、増えつつある遊休農地には遷移の段階で茅（ススキ）が生え、特に三井町周辺においては茅が広く分布する事が確認された。この両者を結びつけ、新たな生業とするため、2015年に遊休農地における茅の分布状況について調査を行い、資源量を把握した。その結果、1,000束以上の収穫が見込め、地域内の茅葺の維持だけでなく、

対外的な販売までも行えることが確認された。

その後、地元の有志が立ち上げたみい里山百笑の会で茅の栽培・販売事業を行うこととなり、遊休農地の再生、景観保全、外貨の獲得につながった。また、茅場の維持や茅刈などの活動に学生が参加するようになり、新たな交流が生まれている。

写真　学生による茅刈の様子

③農村観光の推進に向けた農家民宿の実験

2016年には地域の方の「農家民宿について興味はあるが、いきなりはできない」という想いに応え、学生をお客さんと仮想した宿泊実験を行った。三井町の里山の美しさを来街者に味わってもらい、暮らしの文化や魅力を伝えるのに農家民宿は適した手法と考え、賛同した5軒の地域の方のところに学生が4～5名のグループで伺い、体験、食事、宿泊と一連の流れを提供してもらった。

写真　農家民宿の実験の様子

最終日にはワークショップを行い、それぞれの家での経験や宿泊者側、受け入れ側の感想の共有を行った。現時点では、この中の1軒が農家民宿の開業に向けて準備を進めている段階であり、新たに三井町での農村観光の推進に向けた地域おこし協力隊の導入や石川県のスローツーリズム推進地域に三井町が指定されることもあり、今後、この動きが加速されることが予想される。

6．相互連携への発展

研究室の夏合宿として始まった三井町との連携活動であるが、11年の歳月を経て、相互に必要とし、必要とされる連携へと発展していった。大学にとっては地域再生や日本の伝統的な風景・暮らしを学べる場として、地域にとっては魅力の再発見、発信、新プロジェクトの実験、新たな担い手の確保の場となっている。また、活動も研究だけでなく、学生の意見から始まった農大の収穫祭での三井町の紹介や模擬店での特産品の販売が継続的に行われており、地域側からも「かや～て」や「アテの森フェスティバル」等のイベントで学生ボランティアを募集するなど派生した活動が生まれている。さらに、農大の収穫祭には、自分たちが育てた農産物を学生が販売している様子を見に15名もの方が農大を訪れ、学生が三井町へと来るだけでなく、三井町の方が東京へ行くという交流も生まれた。

写真　学生が三井の方を案内する農大ツアー

こうした長年の取り組みが評価され、2016年10月7日には、輪島市役所と農大の間で連携包括協定が結ばれた。今後は、造園科学科だけでなく、全学科との連携が可能になり、ますますの活動の発展が望まれる。

7．終わりに～4名の移住者を生んだ活動～

本活動から生まれた4名もの移住者。何が学生達を惹きつけるのか。もちろん景観の美しさ、連綿と続く暮らしの文化や知恵も大きな要素であるが、何よりも地域の方との交流こそが大きな理由だと思う。ある学生の「最初は何で三井のために活動するか分からなかったが、地

域の方と交流するうちにその方達の事が好きになり、そこから三井を好きになり、三井のために何かしたいと思うようになった。」という言葉が印象に残っている。里山に関わりながら誇りを持って暮らす生き方、季節の恵みを昔から続く文化や知恵と共にいただくこと、そしてその魅力を伝える熱い人や学生を快く受け入れてくれる人が沢山いることが本当の意味での地域資源である。今後、過疎高齢化が進む中、こうした外部からの移住者の重要性は高まっている。本活動を通して培ってきた来街者との交流や連携のノウハウを活かして、世界農業遺産に選ばれた里山を未来へと継承していきたい。

●●●【麻生先生コラム】●●●

10年間にわたる輪島市三井町との交流活動を通して4人の卒業生が移住したが、その中の一人が山本亮氏である。彼は、大学卒業後東京の都市計画コンサルタントでまちづくりを学んだ後、地域おこし協力隊（総務省事業）の一員として輪島市役所に所属する形で輪島市三井町に移住した。卒論でも取り組んだ「三井町の風景」に愛着をもち、その風景をモチーフとした産品のブランド化を試みるというユニークな活動をしている。例えば、三井町の風景の背景を形成する重要な要素にアテ（ノトヒバ）の樹林があるが、香り高いアテ材の木端に味噌を塗った木端（コッパ）ミソを商品化し、都内の居酒屋で販売して三井町の里山風景をアピールするといった具合である。「風景研」卒業生のこうした活動を応援したい。

3-2. 農村地域における景観の変遷に関する研究
―群馬県川場村を事例として―

神奈川県臨時技師
水野　和浩

1．研究の背景と目的

　観光地や農村地域のように、一定の広がりを有する地域全体の景観（「場の景観」）が年月の経過とともにゆっくり変化してゆくプロセス、すなわち「景観の変遷」を把握し、そのコントロールの方法を探ることは景観研究の大きな課題の一つである。今日では景観形成計画や景観条例が自治体レベルで作成・制定され、その効果を発揮しつつある。しかし一方では、個人の民家の増改築や屋敷林の伐採などのように一つ一つの景観変化は小さいものの、年数が経過しそれらが蓄積されると地域全体の景観の質を大きく変えてしまう可能性をもつ変化もある。また、圃場整備事業のように各種の補助事業を導入しながら、毎年少しずつ景観が変化しているのが日本の一般的な農村の姿であろう。ふるさとイメージを保全することを目標としながらも様々な地域振興策や生活改善策を講じた結果、住民が気づかぬうちに当初の目標とは大きくかけ離れた地域景観が生まれてしまうことも少なくない。

　農村における景観の変遷を景観計画の技術（景観コントロールの方法）として研究するにあたりその考え方(仮説)や解決すべき課題は大きく次の3つにまとめられよう。

　1）ある地域全体の景観の変遷の把握は、その地域の「場の景観」の経年変化をみることによって可能となると考えられる。従って先ず、「場の景観」の把握方法（記録・分析手法）が検討されなければならない。具体的には、一定の広がりを有する地域を満遍なく（あるいは統計的妥当性を持たせて）把握するために観測点を等間隔に配置し、そこからのパノラマ景観の集合として把握する方法（フォトグリッド法）、あるいは景観主体（住民や観光客等）の地域内での行動ルートに着目し、行動ルートに沿ったシークエンス景観の総体として把握する方法（ラインセンサス法）などが考えられる。フォトグリッド法については都市景観において試みられたことがあるが、農村地域についての研究例は見当たらない。

　2）時代の流れとともにダイナミックに変化する景観の変遷の中での操作の問題が挙げられる。一般に景観変遷の操作においては、操作可能なものと不可能なものがあり、さらに可能なものには計画者が直接に対象の形態（デザイン）を決めていく「直接的操作」と、その景観を支えている仕組みや人々の意識に働きかけていく「間接的操作」がある。農村景観のように強力な景観の規制や誘導ができない地域においては、公共建築物や橋梁など行政主導で実施されるものはある程度の直接的操作が可能である。しかしその他の全体的な景観の質については、景観条例など行政による緩やかな施策を講じる方法や農業景観などのようにその景観を支えているシステムを支援する方法、さらには住民の意識（デザインの選択）や美化運動などに頼らざるを得ないものもある。こうした中で、間接的な操作において方策を実施した場合、それがどの程度（どれくらいの時間を経て）その後の景観に反映するかという関係を明らかにしていく必要があろう。景観の質の保持を2つのケースに分け、前者の方法として景観変遷の中であらかじめ要点をおさえてデザインを誘導していく「布石の手法」、後者の方法として保存すべき要素を決めて変遷をコントロールする手法をあげている。農村景観の変遷のコントロールを扱ったものはほとんどないが、その中で西山らによる重要伝統的建造物群保存地区（岐阜県白川村）における景観管理計画に関する検討は注目される。その方法は、保存地区指定

出典
水野和浩・栗田和弥・麻生　恵（1999）：農村地域における景観の変遷に関する基礎的研究、ランドスケープ研究62（5）、715-720

写真　川場村の風景

時（20年前）に策定された景観保存計画の検証を行う中で景観変容の構造分析を行い、景観目標像の再設定を行うものであるが、その過程において景観に関わる地域社会の構造分析や景観管理能力の評価を加え、さらに主要展望台（城山）からの眺望景観を対象とした景観シミュレーション画像の作成を行って、住民自身の意向が反映できる景観管理計画の策定を試みている。しかしこれは、保存地区という特別の環境下におかれた地区での事例であり、川場村のような一般の農村景観全体に適用できる方法としてどのようなものがあるのか探っていく必要があろう。

3）景観現象は主体と対象の関係によって成立するが、対象側の物理的な景観変化に対して主体側の認識特性に違いが生じると考えられる。例えば地域住民に認識されやすい景観変化要素と認識されにくい変化要素があり、属性（年齢、性別など）によっても認識に違いがあると考えられる。先述したように農村地域の景観変遷は住民の意識や行動に任される部分が大きい。景観の操作を効果的に行うには、こうした認識特性を把握することが重要である。

以上の考え方や課題の整理をした上で、特に本研究では基礎的研究として、農村観光地の環境モニタリング調査の一環として1984年より13年間にわたり筆者らにより撮影されてきた景観データをもとに農村景観の物理的変化のプロセスを2種類の方法で定量的に把握し、それに対する地域住民の認識特性を調査した。具体的には、①農村観光地として発展しつつある群馬県川場村における景観変遷の特徴を定量的に明らかにする、②景観変遷の物理的変化に対する地域住民の認識特性を明らかにする、③本研究で採用した2種類の景観把握の方法について、農村における「景観の変遷」の把握手法としての可能性を検討することを目的とした。

2．研究の方法

対象地において13年間（1984～96年）にわたって撮影された面的、線的の2つの側面から捉えた景観データを利用する。

そして、面的調査、線的調査の結果を主な政策、開発行為と関連させて考察し、景観変化の特徴を解析する。さらに、各景観変化要素をもとに住民への景観変化に関するヒアリング調査を実施し、実際の景観変化に関する認識との相関を明らかにする。

2－1．面的調査；フォトグリット調査

地域全体として「場の景観」を捉えるという目的で観測点をサンプリングした。対象地全域に500m間隔メッシュをかけ、山岳部を除いたその交点付近の見通しの良い開けた場所49ポイントを選んで観測点を設けた（図1）。1984年から年に1回の間隔で積雪前の初冬期（多雪地帯なので景観変化の多くは夏期に起こる）に各ポイントに、35m版カメラの35mmレンズ（画角約60°）を利用し、東西南北の4方向にパノラマ画像49ポイント（196シーン）の計2,548枚を撮影した。

次に分析方法としては、当年度と前年度の画像を比較し、どのような変化が生じたのかを読みとり、景観変化要素別に集計し、その経年変化を把握した。景観把握の精度としては、はがきサイズ（100×147m）のカラープリント写真によって肉眼で識別できる範囲とした。

2－2．線的調査；VTRによる調査

住民の日常生活、あるいは来訪者の行動に対応し、目につきやすい主要道路に沿った景観を乗用車で平均30km/hで走行しながら8mmビデオカメラ（1984～87年はVHSビデオカメラ）を利用し、助手席からの往復の行程を進行方向に向けて撮影した。分析方法としては、予備調査の結果から変化要素を整理した記録用紙を作成して1回の調査で2台の25インチ型モニターテレビを利用し、VTR画像を当年度と前年度のものについて同時に映写しながら観察者5人で比較し、変化要素ごとに区間別にその景観変化を読みとった。情報量が膨大であるので、近景レベルにおける比較に限定した。なお、短期間の仮設物（主に工事関係の看板・標識類やプレハブ小

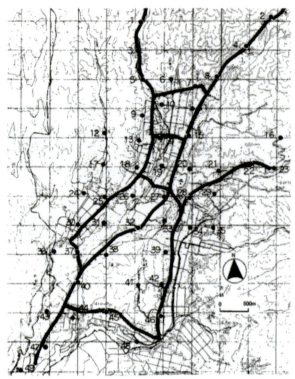

図1 面的調査における観測地点（黒点）および線的調査における経路

屋、商売用の旗・のぼり等）は除外した。

2-3．意識（ヒアリング）調査

調査対象地区内の住民への景観変化に関する意識調査（住宅を訪問する形の面接形式の調査）を実施し、実際の景観変化と住民の景観変化に対する認識との関係を明らかにした。具体的にはあらかじめ調査シートを作成し、最近10年間の景観変化について、2つの方法で調査を行った。すなわち、①変化したと感じる景観要素を任意に答えてもらう調査（任意回答）、および②面的・線的調査の結果から抽出・設定した17項目の景観変化要素についての評定尺度（1：ほとんど変化していないと感じる～5：大きく変化したと感じる、の5段階）の認識度を調査した。

3．結果ならびに考察

3-1．面的調査

13年間の景観変化を「出現」と「消失」という関係で捉え、小レベルの身近な変化と景観全体に影響を与えるような大きな変化を分類するために、近景と中・遠景に分けて、経年ごとに49シート（各観測点ごと）の景観変化を整理した。近景と中・遠景の分類については写真内での景観構成から考えて、手前側に位置するものを近景とし、地形も考慮して背景的なものを中・遠景とした。また近景から中・遠景にまたがっている変化要素（例えば、道路など）については近景での変化として取り扱い、不明な点は現地調査によって判断した。

変化内容は経年的な変化量では84年～85年が最も多く、圃場整備事業の影響と考えられる。

［家屋］と［樹木］は変化が似ており、家屋の建て替えに伴い、樹木が伐採されたためと考えられる。電柱が1984～85年に特に多いのは圃場整備事業に伴うものと考えられる。

［自動販売機］は1987年から急激に増加したが、近年は変化が少ない。これは世田谷区民健康村のオープン、川場スキー場のオープンによる影響と考えられる。

また、［看板類］についても、世田谷区民健康村のオープン後に次第に増加し、川場スキー場オープンの時に最も多かった。

近景、中・遠景別には［道路］、［農業関係］、［看板］が近景で多いのに対し、［屋敷林］、［家屋］、［道路］(擁壁)、［電柱］、［小屋］・［倉庫］、［ガードレール］は中・遠景まで多く、後者は「場の景観」において遠距離まで影響を及ぼす要素だといえる。

3-2．線的調査

線的調査はVTR画像という特性から各期間（前年度から当年度までの間の12期間）の記録票に整理した。その結果、計85種類（項目）の変化パターンが抽出され、面的調査と同様に主な変化要素について経年的に整理し、合計1,158件の景観変化が抽出された。

変化内容は80年から90年が最も多いが、これは面的調査と同様にスキー場が開設して、［看板類］や道路標識の設置が行われたり、［家屋］の改築が進んだためと考えられる。［農業］、［家屋］、［樹木］（屋敷林）は面的調査と同様の傾向にある。

この他に［道路］と外構の変化がやや似ており、道路拡張によるものと考えられる。自動販売機は86年の世田谷区民健康村開設後、87年から急増した。街路灯は90年～91年に多く、群馬県の補助事業で設置されたものである。また、［看板類］は健康村開設後、次第に増え、スキー場開設の時に最高量となる。

3－3．両調査における景観記録特性と結果比較

変化量で差が顕著なものは道路施設、［看板類］、［自動販売機］、［農業］である。よって面的調査が農業生産等の土地利用状況までを捉えているのに対し、線的調査は道路景観のシークエンスで近景レベルでの総量としての把握が中心である。

結果は、変化内容としては［道路］、［農業］、［樹木］は共にそれぞれの変化傾向がよく似ていた。［建築物］は線的調査では1987年から多いが、面的調査結果で現れるのは1989年以降で、このことから先ず道路沿いに変化が現れたものが次第に対象地域全体に及んだと考えられる。［道路施設］の1989～90年の変化は主要道路沿いのみで、線的調査でしか捉えられていなかった。［看板類］は当然のことながら線的調査に多い。84年～96年全体では圃場整備で［農業］、［樹木］の変化が多くなり、関越自動車道開通で外来客が増えはじめ、世田谷区民健康村のオープンで［建築物］、［看板類］、［道路施設］、［自動販売機］の変化が増加し、川場スキー場オープンの時にそれぞれ最高に達した。その後、［農業］の変化は減少し、［建築物］とそれに対応した［樹木］の変化が近年に続いた。

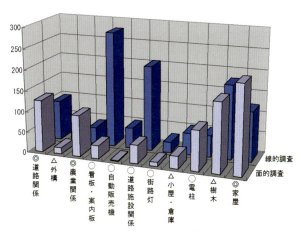

図2　面的、線的調査における景観変化要素の分布と変化量

3－4．意識調査（ヒアリング）調査

住民117名に「最近10年間に変化したと感じる景観要素」を、項目を指定もしくは提示せず、任意に答えてもらった。その結果、［道路］、［橋］［家屋］が特に多く、他には河川、田園プラザ、スキー場等があり、これらは「図」として見られやすい景観であるといえる。

「面的・線的調査の結果抽出された主な要素についての景観変化の認識度」(図3) は、［家屋］、［公共物］、［道路］、［橋］の景観変化の認識が高く、特に［家屋］、［公共物］、［橋］は景観的に「図」になりやすい。一方で、［果樹園］、［桑畑］、［外構］、［小屋］、［倉庫］、［屋敷林］、［山林］は実際の変化量に対して景観変化の認識は低く、樹木や屋敷林は家屋の周囲に日常的に存在することから認識されにくいと考える。

面的、線的調査両調査との関係を考察すると、景観変化量との認識の差が実際より低い方へ片寄るものとして［屋敷林］、［道路標識］、［電柱］、［ビニールハウス］があり、高い方へ片寄るものとして［橋］があった。

4．まとめ

本研究により以下の点が明らかになった。

1) 農村観光地川場村が近代化するプロセスにおいてみられた主要な変化は、①［建築物］、②［道路］、③［農業］、④［樹木］、があり、［建築物］は［樹木］に対応した傾向を示し、［道路］は開発行為による影響が特に顕著で、［農業］は1991年までに集中していた。主な開発行為により村全体の景観に影響が及ぶことがあり、特に圃場整備、世田谷区民健康村や川場スキー場オープンに伴う変化が目立った。

1985年　屋敷林

2008年　屋敷林の減少

1985年　樹木

2008年　樹木の成長

1985年　茅葺屋根

2008年　茅葺屋根・外壁の改修

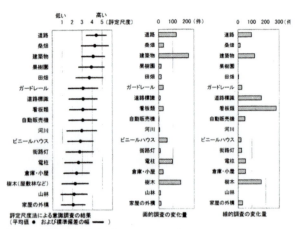

図3　面的、線的調査における景観変化量と住民の認識の関係

2）中・遠景まで影響を及ぼす主な要素は［建築物］、［電柱］、［樹木（屋敷林）］、［道路擁壁］、［ガードレール］で、近景での影響にとどまるものは道路］、［農業（桑畑・田畑など）］、［看板類］で、前者についてはその景観対策の重要性が指摘された。

3）実際の景観変化と住民の認識には差異があり、3つの認識レベルに分類された。第1は「建築物」のように「図」的なものが「出現」する変化であり、これは認識されやすいこと、第2は「桑畑」の「消失」など項目を指定すれば変化が認識されること、第3は「屋敷林」など「地」的なものが「消失」する変化で、これは特に認識されにくいということ、である。間接的操作に頼らざるを得ない農村景観変遷のコントロールにおいては、特に認識されにくい変化を考慮し、特性を十分に踏まえておく必要性が指摘された。

4）農村における景観の変遷を把握する手段としての面的調査、線的調査の可能性として、面的調査では個々の景観要素の変化のプロセスを容易に把握出来るのに対して、VTR画像を見比べながら変化を読みとるという線的調査の方法では、景観の変化量（件数）は容易に把握できても、変化のプロセスを把握することは難しいことが分かった。また、今回の線的調査においては道路に対して走行方向のみを撮影したが、分析における要素の読みとりが困難なため、左右の景観の側面を立面的に捉えた上でサンプリングにより分析することなど、撮影方法の検討が必要であろう。

最後に、本研究を進めるにあたり川場村住民ならびに川場村役場の方々の協力をいただいた。心より御礼申し上げたい。

●●●【麻生先生コラム】●●●

1986（昭和61）年、関越自動車道の全線開通に合わせて群馬県川場村に世田谷区民健康村がオープンした。平日は世田谷区の子ども達の移動教室として使用し、週末は一般区民の保養施設として利用されることになっていた。しかし、施設のオープンに伴い、観光公害に代表される様々な弊害が発生することが予想されたため、世田谷区はそれを監視するため特別の予算を組んでモニタリング調査を行うことになり、開設の前年（1985年度）から農大にその依頼がきた。景観や水質など自然的環境については麻生が、地域に与える社会的環境については宮林茂幸先生が担当することになった。景観変化については川場村全域にわたって面的に広がる地域の「場の景観」を如何に捉えるかが課題となり、山間部を除く平野部にメッシュをかけてその交点附近でパノラマ写真を撮れば均等に把握できるだろうと考え、とりあえず500mメッシュをかけてみたところ、50ポイントほどでカバーできることがわかった（後に、このメッシュ間隔を検証するための卒論を実施）。また、住民が直接景観変化を認識する場面が多いのは道路であることから、道路沿いの景観をビデオで撮影し、前回の記録と見比べてその変化を把握することとした。5年間で世田谷区からの委託は終了したが、このまま止めるのは勿体ないということになり、年1回の景観調査だけは毎年続けることになった。ある程度データが蓄積された13年目に水野和浩氏が修士論文でまとめてくれることになった。調査は2011年まで続けられ、川場村の景観計画策定などにも活用された。私の大学在任中に研究できなかったが、この30年間に実施された公共工事や景観条例など様々な施策との関係性を分析していけば、「場の景観」の長期的な変化予測モデルが出来るのではないかと考えている。

3-3. 長野県千曲市姨捨棚田における農村型ワークショップの効果に関する研究について

東京農業大学 多摩川源流大学プロジェクト
矢野加奈子

1. はじめに

(1) 住民主体による地域景観の創出

近年、自然環境や地域環境に対する関心が大変高まっている。それに伴い、自分たちの住んでいる環境のことは自分たちで考えたいという住民が増えている。そのため、いままで行政が主体で行っていたまちづくりや農村づくりも地域住民主体のものへと変化している。こうした流れを受けてまちづくりや農村づくりなどの事業において地域住民が主体となり会議に参加し、積極的に意見を出すことのできるワークショップ形式が多くの自治体で行われるようになった。

本研究では、長野県千曲市において田園自然環境保全整備事業の一環として行われたワークショップを通じ、地域住民との話し合いによる景観の創出について調査、研究した。

(2) 長野県千曲市姨捨(田毎の月)棚田について

長野県千曲市にある姨捨(田毎の月)棚田は冠着山の山麓にあり、標高460m付近から標高550mに至るまでの南北約500m、東西約500mの範囲に及ぶ面積25ha、平均傾斜度1/7前後、北東向きの傾斜地に広がる棚田である。

姨捨の観月にまつわる多くの石碑や歌碑がおおく残されており、地区のシンボル的存在である「長楽寺周辺地区」0.25ha、もっとも棚田らしい景観を保全し、歴史的な価値を伝える「四十八枚田地区」0.35ha、荒廃した水田を平成7(1995)年にモデル事業を導入しながらも棚田の良好な景観を保っている「姪石地区」2.62haの3地区、計約3haが1999(平成11)年5月10日に国の名勝に選定されている。

また、全体25haも景観保全地区として名勝指定地のバッファーゾーンとして位置づけている。

(3) 事業の目的

本研究で対象にしている長野県千曲市田園自然環境保全整備事業姨捨地区(以下姨捨ビオトープ事業と称す)で行われているビオトープづくりワークショップについて説明する。

姨捨(田毎の月)棚田は古来より多くの歌人に詠まれるなど美しい田園景観が保全されている場所である。しかし、耕作者の高齢化や基盤整備の遅れにより農地の荒廃化が見受けられる。また、市内では宅地化が、農地では生産性重視の農地整備が進み、以前見られた動植物が今では見ることができなくなっている。そこでこの事業では、荒廃した農地を解消し棚田景観の保全や農村における生物多様性の確保を目的としている。また、この事業ではこの農村地域で初めてワークショップ形式が採用された。これは、地元役場の農業部門では未知の経験であったが、ビオトープづくりでは特に管理・運営が重要視される。そのため、このワークショップを開催することで、地元参加者の参加意識を高め、その後の愛護会などの管理運営体制作りを目的として導入されたという経緯がある。

(4) 事業概要

・事業期間　平成16年度～平成18年度
・事業費　　6千500万円

写真1　姨捨棚田田植え風景

写真2　姨捨棚田春風景

・地区面積　1.0ha

　本報告で対象とする姨捨ビオトープ事業は、農林水産省のビオトープづくりモデル事業として行われた。これは、生き物との共生を目指した農山村づくり、農山村整備の具体的施策である。

　先にも述べたように姨捨棚田は美しい田園景観が保全されている場所であるが、近年、耕作者の高齢化や若者の農業離れ、基盤整備の遅れなどにより農地の荒廃化が見受けられる。また、市内の自然環境も宅地化が進み、生産性重視の農地整備が進むなど変化してきている。そのため、以前は見ることができた動植物を見ることができなくなってきている。そこで、豊かな自然環境の保全を目指した棚田景観の保全や継続的な農村づくりを目的として姨捨棚田ビオトープ事業におけるワークショップを開催した。

　この事業でいうビオトープとは、高い国土保全機能を持ち歴史的にも景観的にも価値の高い棚田を利用し、動植物の生息の場として保全再生を推進していくと共に、生態系に配慮した農道、水路整備、里山整備を行い、棚田の荒廃地解消と姨捨地域の環境整備を行うものである。

　また、地域住民が棚田を通して自然とふれあい、その重要性を理解することで永続的に棚田環境の保全と自然環境の保全再生を行う場のことを指す。

　今回の事業では工事完成後の管理・運営など、継続的な活動が必要であるとの指摘が麻生先生よりあった。そのため、それらを担う体制作りを目指して、計画段階から地元の農業従事者、地域住民、関心のある市民など多様な主体が参加して、計画立案、設計、施工、管理運営の一連の作業に住民が参加できるワークショップ形式の会議が初めて導入された。

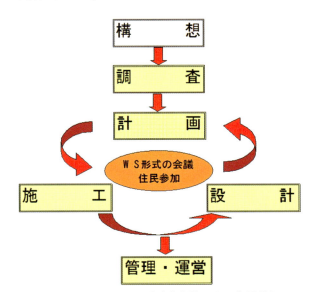

図1　ワークショップ形式会議による住民参加

写真3　ワークショップの様子

2．ワークショップの成果

　本事業で行われたワークショップには、計5回のワークショップで累計83名の参加者があった。参加者は「どのような地域にしたいのか」「どのような利用にするか」「管理などはどうするか」などについて話しあった。特

図2　計画対象地（㈱葵エンジニアリング提供）

図3　計画平面図（㈱葵エンジニアリング提供）

写真4　施工前の計画対象地

写真5　施工後の計画対象地

に時間を割いて話し合われたのは、整備後の維持管理で、誰がどのような形で関われるのか熱心に話し合われた。

その結果、名勝姨捨棚田にふさわしく、歌碑や歌に詠まれた在来の植物などを中心にしたビオトープの案などが提案された。また、できるだけ省管理で、地域住民で管理が必要になった際は、参加者が楽しめる仕組み作りをするなど工夫が盛り込まれる計画案となった。

事業計画の翌年からはこの話し合いで作成された計画案に沿って整備が行われ、ビオトープが完成した。

3．研究の成果

本事業を対象に行われた研究では以下のことを明らかとした。

Ⅰ　ワークショップの特性理解

ワークショップ全体の特性を把握した。

Ⅱ　農山村型ワークショップの事例研究

農山村型ワークショップの具体例として姨捨ビオトープ事業で特性の分析をおこなった。これらすべての調査は参加・観察型で行った。また、ワークショップ参加後も継続して地域活動などに参加し、農業従事者、地域住

図4　姨捨棚田ワークショップ関係者

民、市民、コンサルタント、行政にヒアリングした。

Ⅲ　農山村型ワークショップに期待される効果の考察

Ⅱで得られた結果を元に農山村型ワークショップの特性を把握し、農山村型のワークショップにどのような効果が期待できるかを考察した。

Ⅳ　期待できる効果の体系化

Ⅱ・Ⅲの結果により、ワークショップを行うことで期待できる効果を体系的に構造化し、仮説図を設定する。その後、姨捨ビオトープ事業で参加者、コンサルタント、行政を対象に行ったヒアリング、行動観察をもとに検証を行う。

ヒアリング内容としては、ワークショップ開催中に参加者から「どのようなことを期待してワークショップに参加したか。」「計画や姨捨ビオトープ事業が、今後どのようになってほしいか。」などをヒアリングした。ワークショップ終了後も「ワークショップを行ってどうだったか。」などを継続してヒアリングした。

写真6　景観計画について話す麻生先生

写真7　参加者の皆さんと

行政にもワークショップ終了前、開催中、開催後の各段階で、どのような効果を期待したのか、ヒアリングを行った。

これらにより、現在の農山村における空間計画ワークショップの特性を把握し、今後の農山村型ワークショップに期待される効果の体系的な構造化を行った。

このワークショップでは、参加者の意識が高まり愛護会の発足等に積極的に参加したいという参加者が多くでる等、一定の成果をあげることができ、一応の成功を収めることが出来た。しかし、役所の体制が代わり、残念ながら継続することができなかった。

4．研究の今後

農山村型ワークショップには様々な効果が期待されているということが本研究の中でわかった。特に都市型のワークショップと違い、地域のよさや魅力を発見することが出来ない地域住民もいる。また、地域のコミュニティが強く、地元で活動している団体が義務的に参加していることが多い。そのため、［地域に愛着を持つこと］、［参加者に当事者意識を芽生えさせること］といった効果は、その他の効果にも大きく影響を与えることがわかった。

しかし、これらの効果は決して最初から意識されているものとは限らない。「特にどのような効果があるかを考えていたわけではない」といった意見がヒアリングで聞かれたように、ワークショップの本質やこのような効果を意識せず、ワークショップを行っていることがわかった。

しかし、ワークショップの主催者がこのような効果を理解し、その効果を生むためにはワークショップでどのようなことをすればいいのかを考えておくことで、より有意義なワークショップが行えるのではないかと考えられる。

また、このような効果を考えながら、ワークショップを企画することで、どのくらいの期間を必要とするか、ワークショップ終了後の動きなども予測することが出来る。

もちろんこれらの効果は、全てを満たさなくてはいけないわけではない。開催する地域や、参加者の雰囲気、ワークショップの目的に合わせて適宜選択することが必要になると考えられる。また、ワークショップ開催中や開催後も期待された効果が得られているか、期待されて

いる効果は何かを見極め、その地域のワークショップにあった効果を選ぶことが必要であると考えられる。

適正な効果を見極め、プログラムを構成することでより効果的なワークショップの運用を行うことが今後の農山村には期待されている。また、このような技術を身につけることが自然環境保全学研究室で学んだ私たちには必要とされていることもわかった。

5．地域に入るということ

私たちの研究室は、長きにわたり地域に入り、地域の人々と活動することが多かった。地域のニーズを知り一緒に考えることは、その地域で研究を行う際もっとも重要なことの一つだ。

地域を作っているのは私たちではない、その地域に暮らす人々、一人ひとりだ。大学という機関に所属しているため、「外からの意見」を求められることが多いが、答えは地域の歴史や文化の中にあることも多い。外からの意見とは目新しい意見を言うことだけではない。その地域が持つ本当の輝きを見つけ、一緒に磨くために力を出すことだと私は思う。

そのためには、地域の人とじっくり付き合い、話を聞くワークショップという手法が今後も注目されると思う。本研究では、アンケートなどは行わず、すべて聞き取り、もしくは活動への参加という形で調査研究を行った。地域の人々とともに汗を流し活動すること、一緒に喜んだり泣いたりすること、そういった一つ一つの行動の積み重ねがこの研究成果へと繋がった。

私がこのような手法で研究するに至ったのは、やはり麻生恵先生の影響だと言えるだろう。

真っ先に地域に飛んでいき、ともに歩み、ともに作業をして、誰よりも地域のことを考え、悩み、誰からも愛されていた、そんな先生の後ろ姿を見て、私たちは研究を行ってきた。

今後も地域とともに歩んでいけるよう、この教えを大

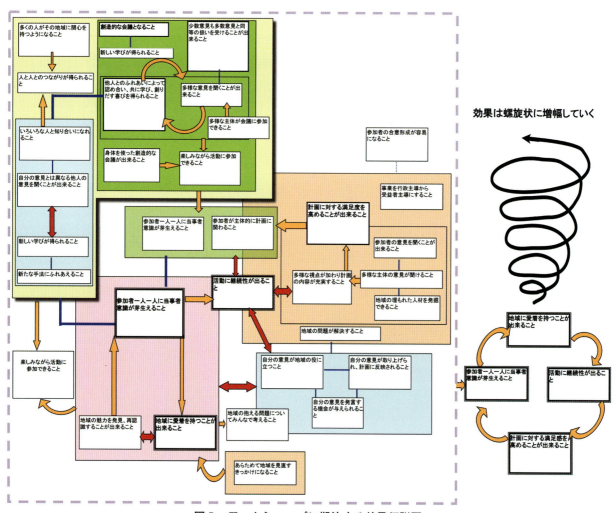

図5　ワークショップに期待する効果仮説図

切にしていこうと思う。

最後になったが、研究室活動を支えてくださった地元の皆様、関係者の皆様に御礼申し上げたい。

【麻生先生コラム】

名勝「姨捨（田毎の月）棚田」との最初の関わりは、1999（平成11）年に田毎の月棚田が国の名勝に選定され、その保存活用計画を作成する委員会（千曲市教育委員会担当）に加わってからである。その委員会は3年ほどでひとまず終了したが、2004（平成16）年になって今度は千曲市農政部担当者から、田毎の月棚田の一角に農水省事業でビオトープを整備することになったので協力して欲しいとの依頼があった。市・農政側としては初めての事業で、当初は圃場整備事業のようにハード面の整備だけで終わりにしたいとの意向であったが、「それではビオトープにとって最も重要な運営管理が出来ず、愛護会などの管理運営組織を併せてつくり、日々モニタリングしながら時間をかけて目標に近づけていく必要がある。そのためには完成後の管理運営組織の希望者を募り、計画段階から参加させてそれぞれの想いなどを取り込みながら、ワークショップ方式で進めていく必要がある」と訴えた。すると農政部には珍しく市民対応が得意な職員（課長）が担当であったことから、早速、市の広報で募集をかけてくれ、2004年の8月に40名ほどが集まって地元の公民館を会場に第1回のワークショップを開催することができた。農大からもワークショップに関心がある学生数名が参加しサポートした（その1人が矢野加奈子氏である）。ワークショップは翌年の夏まで5回開催し、順調に進んだ。市長からもお褒めの言葉をいただき、参加者の全員から完成後の管理運営組織に加わって活動したいとの意向をいただいた。ところが、2005年夏を最後に開催の連絡がなくなり、ワークショップは途切れた。聞くところによると、行政担当者が全員入れ替わり、新しい担当者はハード面の造成工事が完成した時点で終わりにしたとのことであった。数年後、機会があって現場を訪れたところ、予想したとおり、雑草に覆われた姿がそこにあった。ワークショップとしては大成功であったが、事業としては失敗した苦い経験である。

4-1. 多摩丘陵におけるフットパスづくりと里山景観保全の取り組み

大阪府
宮崎　政雄

はじめに

　我が研究室では、平成12年頃から多摩丘陵においてその活動・取り組みを開始し、その活動は今日まで続いている。本稿では2002（平成14）年に作成された多摩丘陵フットパスマップづくりと里山景観保全への取り組みについて、平成16年に日本造園学会のランドスケープ研究に投稿した研究論文をもとに紹介する。

　活動のきっかけとなったのは、市民団体「鶴川地域まちづくり市民の会」（現NPO法人みどりのゆび。代表神谷由紀子氏）との出会いからである。多摩丘陵を守りたいと考えていた市民の会は、美しい景観の残る多摩丘陵を少しでも多くの人に知ってほしいと考えていた。そこで麻生先生が紹介したのがフットパスという考え方であった。

1．取り組みの背景

　現在の都市は、発展を続けることの代償として人々の生活に欠かせない緑やオープンスペースの多くを開発したため、自然とふれあい憩える空間は減少の一途をたどっている。そのような状況の中で、近年では自然志向の高まり等でウォーキングブームが興り、人々が身近な地域の自然や町並みを楽しむ動きが盛んになってきた。

　大昔から自然と共に生きてきた日本人にとっては、自然は共に生きる存在であり、身近な自然をあえて楽しむ習慣は少なかった。一方で、美しい国土を持つと言われるイギリスでは、身近な自然を楽しむウォーキングが庶民の楽しみの一つとなっている。イギリスには国土に毛細血管のように張り巡らされた散策道「Footpash＝フットパス」（自然の小径）があり、人々が日常的に利用している。また、このフットパスを歩くためのマップが整備されており、詳細な情報が書かれたマップを持てばだれでも気軽に散策ができる仕組みになっている。日本でもこのような散策道やマップに対する需要が高いと考え、散策マップ「多摩丘陵フットパス」の作成を試みた。多摩丘陵の自然を多くの人に知ってもらい、親しんでもらうための散策道を作ろうとしたときに、イギリスのフットパスにヒントを得ることができたのである。

　「多摩丘陵フットパス」の作成は、地元住民が中心となって現地を歩き、足で稼いで多くの情報を得ながら行われた。そこに造園学を専門とする者が加わり、計画学的・哲学的な視点からアドバイスをすることにより、これまでにないユニークなフットパスマップを作成することができた。

　本項では、「多摩丘陵フットパス」の計画を中心に、新たな取り組みとしてのフットパスの意義や、フットパスが緑のまちづくりや里山の保全へ果たす役割、今後の展望について述べる。

2．多摩丘陵フットパスの誕生

　多摩丘陵は、東京都八王子市から町田市・神奈川県横浜市を通り三浦半島まで続く丘陵地で、地形の複雑さゆえに開発が遅れ今なお多くの緑を残対象地している場所である。ここは都心からのアクセスも良いところであるが、昔ながらの農村の土地利用・里山の土地利用が残り、

図1　多摩丘陵のフットパス作成対象地

谷戸には美しい曲線を描いた谷戸田やあぜ道、斜面には管理の行き届いたクヌギ－コナラの雑木林があり、日本の原風景ともいえる美しい風景を見ることが出来る（**写真1**）。一部には東京都が独自に指定している歴史環境保全地域の区域もあり、公有地を地元農家の方々が管理組合を組織して、東京都から委託されて里山の管理を行っている場所もある。

しかしながら、この丘陵地も高度経済成長期以降、多摩ニュータウンに代表される大規模開発の波が押し寄せ、区画整理とともに大部分が宅地と化してしまった。さらに昭和30年代の燃料革命によって雑木林の利用は少なくなり、現在では管理者の高齢化や後継者不足などにより荒廃の進む雑木林が多くなってきた。このような背景の中で、この状況を危惧する地元住民らが立ち上がり、保全の必要性を訴える活動を始めるようになってきた。当地でも地元住民が中心となって開発への反対運動を行ってきたが、反対ばかりでは多摩丘陵の自然は守れないと気づいた「鶴川地域まちづくり市民の会」では、この地域の魅力をアピールし、多くの市民に知ってもらうことで保全の意識を高めていこうと、マップ作りに乗り出した。これが、「多摩丘陵フットパス」を作成するきっかけである。

3．里山における散策道整備

里山は、人と自然がお互いに影響を与えながら成り立ってきた二次的自然である。人が自然を改変し、そこに適応する形で動植物が棲みはじめ、長い年月をかけて共生関係が成立している。そこに大きな魅力が存在するのは、人の活動と自然が調和してできた場で、日本人の原風景とも言える風景だからであり、そこにいるとどこか懐かしさが感じられる（**写真1**）。このような風景は実際にその中を歩くことによってより深く体験できるものであり、里山の魅力を味わうためには徒歩でゆっくりと自分のペースで散策するのが最も適していると言える。

このような「風景」の利用というのは、我が国ではまだ一部の住民に限られたレクリエーションであり、一般には普及していないと考えられる。里山の魅力を徒歩で味わいその土地を深く知ることにより、里山を保存しようとする動きも活発になるのではないか。その楽しみ方を一般の人にアピールし、その利用を指南するための手段の一つとして有効と考える。

また、風景の価値というのは、一般の人々にとってもわかりやすい要素であることから、共感を得やすいものであるといえる。つまり、一般市民の理解を深めていく、広めていくことが、間接的に里山の景観保全に結びつくのではないか。よって、本格的なマップを作成し、多くの市民に里山を歩いてもらい、実際に自分自身で魅力を感じてもらいたい。

これらの計画に当たっては、イギリスのフットパスを参考とした。イギリスでは多くの人々がウォーキングをレクリエーションの一つとして楽しむ習慣がある。これには、国土全体になだらかな丘陵地形が多くウォーキングに適した場所であることや、オープンスペースにアクセスできる権利が法律で保証されていること、ルート沿いには独特の足型を模したマークのサインが随所に配置されていることなどがあげられるが、フットパスの素晴らしいマップが整備されていることも大きな理由の一つと考えられる。これらのマップには、コースの距離から所要時間、最寄りの売店や宿泊施設などの便益情報に、行ってみたいと思わせる美しい鳥瞰的なスケッチ、詳細な地図がセットになっている。また、利用者の行動を指導するカントリーコードという憲章が載せられており、土地所有者と利用者の取り決めが行われている。イギリスのフットパスは、ハードとソフトの両方が整った散策道の整備のモデルとなるものである。

4．散策マップの作成にあたり

今回の多摩丘陵フットパスの作成にあたっては、地元住民が中心となって活動した。まず、地図を持って多摩

写真1　多摩丘陵の美しい谷戸景観

丘陵を歩き、風景の良い場所を見つける。次に、ポイントとなる風景の良い場所や寺社・道祖神のある場所などを結び、ルートを作っていく。そのルートは赤道（里道）を中心に結ぶ。

マップの作成にあたり何点か新たな試みを行った。それは、①鳥瞰図を入れること、②詳細なマップを入れること、③カントリーコードの作成である。①鳥瞰図では、「風景の広がり」としての地域の理解を促すために、鳥瞰図やポイントとなる場所のスケッチを入れた（**図3**）。里山では個々の植物やポイントとなる事物に視線が行ってしまうが、里山全体を大きく捉えてもらうために、里山の美しい部分、すなわち里山の風景の魅力を強調した絵を載せることとした。②詳細なマップでは、詳細な地図を片手に自分でルートを設定できる等高線の入ったものとした（**図4**）。本来の里山の利用者は、地図を持ってその地域からいろいろなものを発見する楽しみを味わうので、そのような熟達した人のニーズにも配慮した形とした。③カントリーコードの作成では、散策をする上でのマナーとして「利用上のルール」を載せた（**表1**）。また、それだけではなく、里山が保全される仕組みや、里山の風景の維持管理を担う農家の方の役割についても言及し、利用者の理解を深める努力をしている。

このように、多摩丘陵フットパスでは一般的なマップ作りに加え、作成過程で造園学的な視点を入れたことでユニークなマップが完成した。これは、先述の様な新たな試みを行ったことや、より多くの利用者のニーズに合わせた情報の掲載や見やすいデザインなどに反映されている。このマップは地元住民と造園学を専門とする者の協働によって完成したと言える。

5．散策道から広がる環境保全

ルートを選定しマップを作っただけでは多摩丘陵の風景を保全することはできない。多摩丘陵を多くの人に知ってもらい、保全の意識を高めていく必要があるからである。それには、利用者の意識を高めるとともに、地元住民に対しても働きかけをする必要がある。NPO法人みどりのゆびでは、これらのために様々な活動を行ってきた。具体的には、フットパスを広め利用を促すためのウォーキングイベントや、「フットパスまつり」と呼ばれる地域住民や他団体、行政を巻き込んだイベントの開催、フットパス沿いにある町田市有緑地の管理請け負い、フットパス案内板の設置などである。このような活動を続けてきた中で、大きな成果として以下の3点をあげることができる。

1点目は、地元住民の意識が変化してきたことである。初めは「地元住民の理解をどう得るか」が懸案事項となっていたが、様々な活動を行っていくうちに次第に対応が変わってきた。年一回行われる「フットパスまつり」では、フットパスを歩いて地域の魅力を体験してもらうと共に、地元住民が育てた野菜等を販売して地元にお金の落ちる仕組みを作っている。これが地元住民にもフットパスの価値を理解してもらうきっかけとなった。また、同団体ではフットパス沿いの市有緑地の管理も行っているが、ここでもその活動を見た地域住民が共に活動を行ったりしている。このような活動が地元住民に地域の価値を再認識させるきっかけとなったことは間違いない。これは地元とNPOの連携がとれてきた証拠であり、

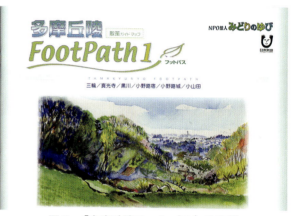

図2　「多摩丘陵フットパス」の表紙

多摩丘陵カントリーコード
◇ 道から外れ、田畑、樹林、屋敷などに立ち入らないようにしましょう（ほとんどの土地は民有地です）。
◇ ゴミなどを放置せず、必ず持ち帰りましょう。
◇ 動植物、山菜、農作物の採取はやめましょう。
◇ 地元の方の作業、通行、生活のじゃまにならないよう、心がけましょう（車は駐車場に。アクセスはなるべく公共交通機関を利用しましょう）。
◇ この素晴らしい風景を維持・管理されている地元の方々への感謝の気持ちを常に忘れないようにしましょう。
◇ 地元の方々による田園風景の保全や維持管理活動への支援を考えましょう（経済支援：地元での農産物等の購入、社寺等での賽銭の献納など。労働支援：農作業や里山管理、ゴミの除去作業のお手伝いなど）。
◇ この風景を首都圏全体の文化的資産として位置づけ、これを皆で守り育て、地域の安定した発展に結びつけるための方法（法制度、施策、事業など）を考えましょう。

表1　多摩丘陵フットパスのカントリーコード

図3　フットパスの鳥瞰図。里山の美しさ（風景としての広がり）が理解されやすいように配慮している

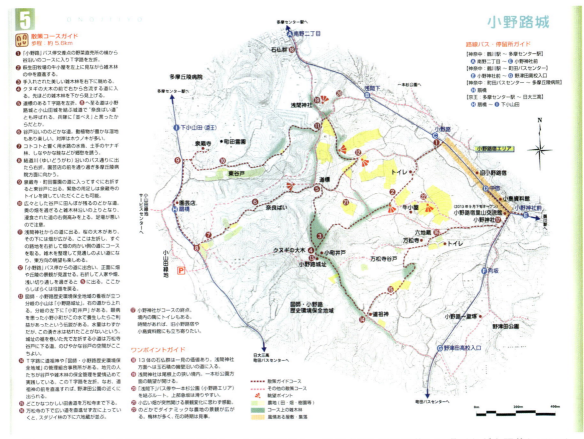

図4　フットパスの詳細図。等高線の入った地形図にコースガイドと風景の美しい場所などを記載している

第二章　各地域での取り組み

地域の中に入っていったからこそできたのではないか。地域の風景を守り、地域の理解を得るためには、ただフットパスやマップを作るだけでは実現しない。その後の活動の成果が、このような形で実を結んだといえる。この影響は開発推進を唱えていた者へも広がり始め、少しずつであるが地元を巻き込んだ多摩丘陵の保全への動きが見えてきている。

2点目は、周囲からの反応である。マップの完成時には地元新聞にも大きく取り上げられ、関心の高さを知った。それも手伝い数箇所でしか販売しなかったマップも瞬く間に売り切れ、追加で増刷したほどである。また、このマップは町田市の社会福祉協議会において老人の痴呆防止のための散策活動のテキストとしても採用され、その価値が社会的にも認められるようになった。さらに、この活動を知った韓国の大学から都市近郊の緑地を保全する手法として関心を集め、視察に来るほどの広がりを見せている。

3点目は利用者の反応である。「多摩丘陵フットパス」を購入した利用者からは、大変使いやすいマップである、鳥瞰図が美しいと好評を得ている。マップ発売後に現地を歩いていると、同じマップを手にしたハイカーを多く見かけた。また、次のマップを期待する声が多く聞かれた。

6．おわりに

フットパスの計画は、今まで点でしか保全されていなかった緑地を線（フットパス）で結び、その線を面（地域）へと拡大していくことをねらったものである。点から線・面へと広がることで大きな力をもつ集合体となることができ、活動においても今後の展開においてもさらに大きな可能性が出てくる。

人々の風景に対する意識は年々高まっているのは確実であり、景観法の制定などにより行政としても新たな公園緑地・まちづくりの可能性が出てきた。フットパスの計画は比較的簡単にできて多額の費用も必要なく、緑地の保全にもつながるため、行政にとっては今後のまちづくりに有効な手立てとなるであろう。

今後は地域の個性や独自性（アイデンティティ）が求められる時代になる。その独自性を持っているのは地元の住民である。彼らが地域性を最も良く知り、地域や行動を作っていくのではなかろうか。これら地元住民からの発想は行政としても大切にすべきであり、今後のまちづくりを考える上で最も重要な視点であると考えられる。

全国の様々な地域にフットパスができ、それらがつながり、地域独自の美しい風景が守られる事を願っている。

7．今回の原稿作成にあたって

当初マップ作成後、フットパスの拡大を目指し「多摩丘陵フットパス2」が作成され、派生マップも含めると4冊が販売されて人気を博しており、潜在的なニーズを捉えている。このフットパスは今では全国に広がり、各地でフットパスマップが作成され、各地で埋もれていた景観資源に光が当たってきた。

フットパスは、都市近郊から地方まで、景観資源と人の営みがあれば全国どこでも作ることができるため、今後の日本では地方活性化のツールとして活用することができる。各地での取り組みを支援しようと、NPO法人みどりのゆびを中心として2009年に財団法人日本フットパス協会が設立された。今後も全国各地にフットパスの取り組みが広がることを期待したい。

多摩丘陵では、点として存在する公共緑地や民有緑地などをフットパスで有機的に結合することができたことで、住民活動が行政の緑地保全施策の展開に影響を与えている。このような取り組みは全国的なモデルになるものであり、今後の展開を期待したい。

文　献
1) NPO法人みどりのゆび（2002）：多摩丘陵フットパス1 散策ガイドマップ：NPO法人みどりのゆび
2) オホーツク委員会（1999）：英国におけるアウトドア・ライフ―オホーツクの散策道（ふるさとの小径）の実現に向けて―：オホーツク委員会
3) ㈳大阪自然環境保全協会（2003）：大阪市近郊の里山・田園地域におけるレクリエーション用自然歩道の現状分析とその評価―研究報告書―：㈳大阪自然環境保全協会
4) 宮崎政雄・麻生　恵（2004）：多摩丘陵におけるフットパス計画による里山景観保全への取り組み：ランドスケープ研究 68(2)，126-129

【麻生先生コラム】

多摩丘陵の里山の景観が気に入って1983（昭和58）年に町田市の鶴川団地に引っ越した。当時は周辺に造成されない里山が沢山残っていて、休日には散策に出かけた。町田市民の中にも宅地造成などの開発から里山を守ろうと、沢山の市民組織が活動していた。その一つが「鶴川地域まちづくり市民の会」（後のNPO法人みどりのゆび）である。この会では当初、近隣里山の大規模な宅地造成に反対していたが、それが失敗に終わると多摩丘陵の里山を歩く運動や地図を作る活動を模索し始めていた。その矢先、代表者2人が当時の進士五十八学長のもとに多摩丘陵の里山を守る活動の方向を教えて欲しいと相談に来られた。進士学長は、私（麻生）が鶴川に住んでいるので私に相談するよう伝え、私がお二人の相談に乗ることになった。最近の活動の話を聞いて私は多摩丘陵の魅力をより多くの人々に知らしめるためのフットパスのネットワークを作るべきと直感し、イギリスのガイドブックなどをお見せしながら話をすると、トントン拍子で構想が進み、神谷由紀子氏の提案で「多摩丘陵フットパス」とすることが決まった。そして、先ずは里山の魅力が伝わり、見ただけで現地に行きたくなるようなガイドマップを作成しよういうことになった。そのためには里山のランドスケープの魅力が十分に表現された鳥瞰図が必要と考え、元中学校の美術教師であった加藤隆昭氏に作成をお願いした。また地図の扱いに詳しい松本清氏にも加わって頂いて、ユーザーの視点からの地図作製という大変な作業をご担当いただいた。日本財団から助成金をもらいNPO法人みどりのゆびの会員や学生にも手伝ってもらいながら2年間の作成期間をかけて完成したが、美しい鳥瞰図を載せた作品性の高いマップとなったため口コミで評判が伝わり、第1版2000部は瞬く間に完売した。2008年には町田市が㈶日本フットパス協会を設立し、多摩丘陵は日本におけるフットパス運動のメッカとなった。

4−2．町田市における緑に関わる活動について

株式会社東京ランドスケープ研究所
清田（上田）早織

1．はじめに

（1）都市近郊の貴重な自然環境が残る町田市

都市近郊にある町田市は、多摩丘陵の中部に位置し、鶴見川や境川の最源流地帯であり、二次的自然が豊富である。その町田市は1958年8月、首都圏整備法による「住宅商業都市」の指定を受け、町田市のもつ恵まれた自然条件と地理的条件により、急激な都市化の波が押し寄せた。激しい人口増加をみせる一方で、1970年代には市域の人口に占める団地人口が全国で最も多いことから、団地都市とも呼ばれるほどに宅地開発が進行し、医療機関・保育機関などの不足といった市民生活に大きな問題を投げかけた。

（2）市民主体の都市緑地の保全管理

このような急激な宅地開発によって、自然環境の減少がもたらされ、町田市では1980年頃より緑地保全の活動を中心とした市民運動が活発化した。そして、自然環境の保全のため緑地環境を将来に引き継ぐことを目的とした「町田市緑地保全の森設置要綱」が平成7年に施行され、除草作業などを中心とした緑地管理を行う団体は約10団体であったが、現在では約30団体となっている。2014年には公益的市民活動指導要綱に基づき、市内の自治会や町内会等に広く周知し、市と市民との協働を効率的かつ効果的に進めていく取り組みとして清掃を行う活動を含めて、現在約200団体とともに行っている。

このほか、東京都が設置した小山田緑地、小山内裏公園、大戸緑地、七国山緑地保全地区等でも市民参加による団体が活動を行っている。

（3）都市緑地の保全管理による地域づくり

都市近郊の貴重な自然環境が残された緑地が数多く存在する町田市において、そこで展開されている市民参加による緑地の保全管理は、本研究室が目指す美しい風景・地域づくりの活動や研究の対象となってきた。

行政、市民、学生等の多くの主体の連携のもと、研究室活動や卒業論文、授業により、筆者が麻生先生とともに町田市の都市緑地の保全管理による地域づくりに取り組んだ軌跡を、本稿にて下表のとおり時系列で示す。

表1　麻生先生と筆者の軌跡

年号	内容	該当項目
2008年	筆者は大学3年で風景研へ所属し、麻生先生の紹介で鶴川6丁目団地の**植物友の会**の活動と、きつねくぼ緑地愛護会活動へ参加。	2.(1)
2009年	筆者は大学4年の時に、麻生先生が代表を務める**鶴川きつねくぼ緑地愛護会**の会員となり、きつねくぼ緑地を対象とした卒業制作を行なう。	2.(2)
2010年	麻生先生の担当された大学院の授業で、**鶴川6丁目団地の坂道緑化**を主題としたプランをワークショップによりまとめ、「緑の環境デザイン賞」へ応募し緑化大賞を受賞。	2.(3)
2011年	筆者が大学院修士課程の時に、**町田市内の緑地について市内で活動している団体**を対象に研究。	2.(4)
2012年	麻生先生の住まいであった、鶴川6丁目団地へ筆者が入居し、植物友の会、鶴川きつねくぼ緑地の活動へ参加。	—

写真1　1960年代末頃の鶴川団地

図1　都市近郊にある東京都町田市
（町田市緑の基本計画2020より引用）

2．本研究室の町田市での取り組み

（1）鶴川6丁目団地（団体名：植物友の会）

①対象

鶴川6丁目団地（公団分譲団地、面積8.9ha、780世帯、人口約2,000人）は、共有地として区分所有法にもとづき管理組合により維持・管理されている。1968（昭和43）年に日本住宅公団（現在のUR）によって建設され、完成と同時に住民に分譲された。団地内の道路や植栽は共有財産として管理組合によって維持管理されている。当団地は、他団地のように民間の管理会社（団地サービスなど）を入れず、管理組合のみ（担当理事、植栽専門委員会、植物友の会）による自主管理を行ってきた。

このように現在まで培われてきた鶴川6丁目団地の歴史は、住民たちにとって誇りであり、かけがえのない心

図2　鶴川6丁目団地位置図

1960年代末　分譲直後の様子

2010年頃　現在の様子

図3　鶴川6丁目団地の約40年の緑の変化

の財産となっている。

②活動内容と成果

当団地の管理組合内には1992（平成4）年度より「植栽・環境専門委員会」が設けられ、中長期的な観点から植栽管理計画を作成し、それを運用している。それに基づき、団地内の植栽（主に中低木）の維持管理を管理組合傘下の組織である「植物友の会」（会員約15名）が担当している（1980年発足、毎週土日の午前中、年間90回程度活動）。

植物友の会は定例で行う植栽管理に加え、毎年12月下旬に鶴川6丁目団地集会所前に飾る門松づくりを、団地内に植栽されたクロマツと能ヶ谷きつねくぼ緑地のモウソウチク、クマザサ、イイギリの実を用いて実施している。研究室の活動で関わることが比較的多く、鶴川きつねくぼ緑地愛護会との連携で実施し、当団地の文化的な要素が強いため、門松づくりを取り上げることとする。

従来から実施してきた門松づくりの策定の手順が記録として残されていないため、鶴川のきつねくぼ団地で地元の方たちの門松作りを行った際の記録を次頁に示す。

写真2　モウソウチクの切り出しの様子　　写真3　完成した門松

表2　門松づくりの作業の流れ

作業手順			時間
1、材料集め（クロマツ以外はきつねくぼ緑地にて採取）		(1)クマザサの刈り取り	8:30〜
		(2)モウソウチクの切り出し	
		(3)イイギリの実を採取	
		(4)クロマツの枝を剪定採取	
2、門松作成（集会所前で作成）	土台づくり	(1)モウソウチク先端を斜めにカット	10:00〜
		(2)モウソウチクを土台の中央に挿入	
		(3)段ボールで土台を包む	
		(4)モウソウチクを針金で縛る	
		(5)モウソウチクを砂で固める	
		(6)土台をコモで巻く	
		(7)コモをわら縄で締めてイボ結び	
	材料の装飾	(8)マツをモウソウチク周囲へ挿入	
		(9)クマザサを添える	
		(10)イイギリの実を飾る	
3、片づけ、集合写真(集会所前にて実施)			11:00〜

（2）きつねくぼ緑地（団体名：鶴川きつねくぼ緑地愛護会）

①対象

能ヶ谷きつねくぼ緑地（通称きつねくぼ緑地と呼ばれているため以下「きつねくぼ緑地」と称する）は鶴川6丁目団地に隣接し、「鶴川きつねくぼ緑地愛護会」によって緑地の維持管理が行われている。会員のうち約半分が鶴川6丁目の団地住民であり、月2回の除草を中心とした維持管理に加え、季節に応じたイベントの運営も行っている。

かつてきつねくぼ緑地は1960年代、違法建築だったために建設途中で中止になり、放置されたマンションは暴走族のたまり場になり「オバケマンション」と呼ばれるほどに周辺環境の悪化が問題視されていた。

周辺の住民や町内会、自治会、青少年地区対策協議会等により公園や緑地としての利用の要望を受け、町田市では1986年に東京都の緑地買取制度を利用して、この土地を買い取り、その後、市民緑地制度による「能ヶ谷緑地」と称して整備を行った。

1996年に鶴川きつねくぼ緑地愛護会が創設され、「多摩丘陵の自然の復元・回復を目指す」ことを整備目標として緑地の保全管理（周辺住民へ向けて季節に応じたイベントの開催・行政や地域の市民グループとの連携・地元学校の総合学習への協力等は2012年の都市公園となる前に実施）といった地域に密着した活動が行われている（毎月第一土曜日、第三土曜日、年間24回程度活動）。

図4　能ヶ谷きつねくぼ緑地位置図

②活動内容と成果

きつねくぼ緑地では、東京都と区市町によって都市計画公園・緑地の計画的・効率的な推進のため、2011年12月に優先的に事業を進める「優先整備区域」に当緑地が位置づけられたことから、当時の市民緑地から都市公園へ移行することが決定されていた。都市公園化へ向けて、管理者側と利用者側の意見を聴取することが必要となった。

そこで、当緑地の管理を行う鶴川きつねくぼ緑地愛護会の会員と利用者である住民とのワークショップを通じて、緑地内を植生や利用の状況により12ゾーンに分け、各ゾーンごとに管理者と利用者の主体別の要望事項を整理し、目標を設定した管理目標マップを作り、行政へ提案した。

2014年5月に本緑地は、きつねくぼ緑地（町田市条例の市民緑地）から能ヶ谷きつねくぼ緑地（都市公園法の都市公園）となり、都市公園法の制約によって山菜を味わう会やサンマとお月見の会、どんど焼き等の火を使うイベントは休止しているが、草刈り等による緑地管理や

■1970、1980年代
「オバケマンション」といわれるほどの場所であった

■1990、2000年代
市民や学生とともに幅広い活動を繰り広げていた

【春】山菜を味わう会　　【夏】夏休み一泊キャンプ

【秋】お月見とサンマの会　【冬】どんど焼き・ピザ作り

新入生歓迎会での草刈り体験

■2010年代
都市公園化に伴い、一時期休止期間があったものの20年継続している緑地保全管理活動

緑地管理　　　　　　　　自然観察会
図5　きつねくぼ緑地のこれまで

多摩丘陵で生育する貴重な種の保全管理と観察等については、行政への提案したとおり、以前と同様の活動を継続している。

（3）鶴川6丁目団地の坂道緑化

①対象

対象となる坂道は、鶴川地域の中心地区に向かう歩行者専用道路（幅3.5m、長さ110m）で、標高差が10m以上もあり、片側擁壁の緑がほとんどない殺風景な空間となっている。一方で住民にとっての買い物時の主要動線となっており、高齢化が進む中、近年は「地獄坂」との呼称も出るようになってきた。

鶴川6丁目団地の管理組合では、ベンチの設置（6ヶ所）などを行い、環境改善を試みてきたが限られた予算の中では限界があった。

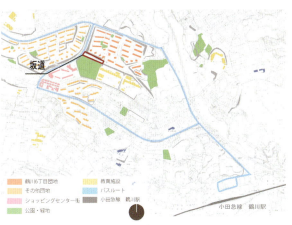

図6　坂道位置図

②活動内容と成果

東京農大大学院造園学専攻の平成22年度「造園・景観計画学特論演習」で当団地を取り上げ、築40年以上を経過した大規模分譲団地における緑のあり方について検討するための住民ワークショップを計3回開催し、(財)都市緑化機構が主催する第22回「緑の環境デザイン賞」へ応募により、坂道緑化の実現を目指すこととなった。

対象の坂道が抱える課題と解決に導くデザインコンセプトとして、次の3点を設定した。①標高差10m以上、勾配7％、緑陰も少ない厳しい環境におかれた坂道を、緑の技術を使い様々な世代にとって魅力的な空間に造り替える。②多彩な植栽がもたらす季節変化や賑わいの風景が地域のランドマークの一部となり、団地住民や地域住民の参加と発信の場とする。③対象空間の利用者や管理者（植物友の会などが、列柱と植栽の緩やかな曲線から生み出される溜まりの場を通して交流し、新しいコミュニケーションや緑との関係が生まれるようにする。

第22回「緑の環境デザイン賞」において緑化大賞を受賞し、緑化工事が遅れたことによりかつてのコンクリー

トの擁壁に囲まれた「地獄坂」は、様々な植物を用い緑化し、木陰の美しい、生き物にも人にも優しい空間となり、また人々が滞留し交流できる「極楽坂」へと様変わりした。

現在は植物友の会の会員やワークショップに参加した住民によって、「極楽坂」を維持管理している。

表3　坂道緑化のワークショップ概要

ワークショップ	内容
第1回（平成22年12月）	・高齢化が進行する分譲団地の中で集会所機能のあり方や団地全体の緑のあり方、問題や課題について幅広く議論し、課題の整理とその認識を共有
第2回（平成23年1月）	・「緑の環境デザイン賞」応募を視野に入れ、数ある課題の中から対象地（集会所下の坂道）を選定 ・対象地に求められる条件や課題の整理
第3回（平成23年4月）	・実際に対象地を踏査し、4つのグループがラフプランをそれぞれ作成 ・その後、デザインに関心をもつ学生数名で検討チームをつくり、住民（管理組合）と一緒に応募プランの作成
植栽作業	・季節の変化を楽しむことのできる低木や草花を住民と学生の皆で植栽

擁壁
施工前（平成22年）

入口
施工前（平成22年）

施工後（平成28年）

施工後（平成28年）

図7　「地獄坂」から「極楽坂」へ擁壁と入口

施工前の風景（平成22年）

現在の風景（平成28年）

図8　「地獄坂」から「極楽坂」へ変化した風景

（4）町田市内の緑地（都市近郊緑地における緑地管理団体の発足形態と活動の継続性に関する研究）

①対象

町田市の緑地保全を目的とした町田市緑地保全の森設置要綱（現在町田市ふるさとの森設置要綱）に関わる当時18団体を対象とした。

②研究内容と成果

都市近郊の緑地において住民のレクリエーションや自然学習、社会貢献の場として緑地管理を行う市民団体による活動の需要が高まっている。行政の担いきれない事業である希少種の保全や自治管理のための緑地管理に加えて、住民同士の交流促進のためのイベント運営を行うことで、活動の幅を広げてきた。一方で団体の高齢化や活動参加者の受け入れが不十分である等、活動が衰退していると指摘されている。

対象である町田市の団体（町田市緑地保全の森設置要綱に関わる当時18団体）の発足形態によって継続性に違いがみられる。そこで、団体を発足形態により下図のとおり分類し、分類ごとに積極性と消極性の両面で継続性

を明らかにすることで、今後の公的支援への知見を得ることを目的とした。研究の結果、発足形態別に団体の継続性についての新たな評価の方法を見いだした。

2013年3月30日には町田市の緑地の保全管理を行う団体や緑地に関する研究を行う学生による、研究で協力頂いた町田市の団体の方々約20名を対象とした研究報告会を行った。東京農業大学の筆者（上記の内容）と高清水氏（町田市小路路地区の農の景観について）、玉川大学福島氏（三輪みどりの会活動場所のクモ類の分布について）、恵泉女学園大学大石氏（NPO結の里の活動について）による研究の報告を町田市せりがや会館で実施した。研究論文の発表会を実施し、また実施して欲しいとの声が上がった。

文　献
1）上田早織・麻生　恵（2010）：都市近郊における緑地保全活動団体の継続及び活性化の要因について、第40回学会大会発表論文集、レジャー・レクリエーション研究第65号、20-23.
2）上田早織・栗田和弥・下嶋　聖・麻生　恵（2010）：都市近郊緑地における緑地管理団体の発足形態と活動の継続性に関する研究、レジャー・レクリエーション研究第71号、1-18.

【麻生先生コラム】

昭和40年代の前半に計画された初期の公団分譲団地は、植栽を含めた環境設計が貧弱で、1983年に私が入居した時点でもなお、団地を囲むコンクリート擁壁は全く緑化されておらず、住棟の南側には生垣もほとんど無いなど、課題が山積していた。1986年に管理組合の植栽担当理事を引き受けることになり、これを契機に等価交換

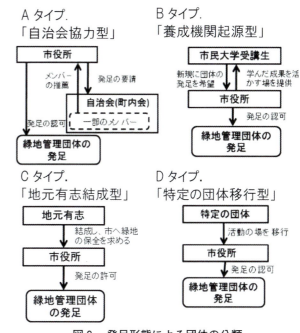

図9　発足形態による団体の分類

方式による日照阻害解消と生垣などの植栽活動、子ども会による花壇管理など団地の緑を豊かにする活動をスタートさせた。1990年代に入ると、団地に隣接する能ヶ谷緑地（きつねくぼ緑地）が整備されることになり、農大OBが活躍する町田市公園緑地課と連携して愛護会の設置による住民参加型整備を進めた。これらの活動には大学の実習指導（造園実習）で培った技能や知識が大変役立った。こうした活動を通して地域の方々、行政担当者などと良好な関係が築かれ、ゼミ活動、卒論や修論、町田市のボランティア養成講座など身近な教育・研究フィールドとして大いに役立った。最終的にそれらの活動は「緑の環境デザイン賞」受賞と坂道の緑化工事として結実した。

4-3. 平塚市吉沢地区「産官学民」協働の里地里山の地域づくりと吉沢八景

東京農業大学大学院（造園科学科60期）

小島　周作

1．はじめに

神奈川県平塚市の西部に位置する吉沢地区は、典型的な都市近郊の里地里山地域である。すなわち、市街部に隣接し且つ地区内において「めぐみが丘」等の住宅街が点在しながらも、大磯丘陵に属し地元からは「ゆるぎ地区」と呼ばれる里山が地区南部に広がっている。

都市近郊の里地里山では、その立地特性を活かして市街部に住む市民をボランティアとして巻き込み、地元行政との「官民」協働で里山保全に取り組むケースが多い。一方吉沢地区の場合、全国的にも珍しい「産官学民」協働でゆるぎ地区の里山保全、さらには里地も含む吉沢地区全体の地域づくりに取り組んでおり、様々な視座に富み注目に値する。本稿では、①地元住民のゆるぎ地区及び吉沢地区に対する認識の変化、②地域づくりを「産官学民」協働で行うことの意義、の2つの観点から時系列順に紹介していくこととする。

2．「産官学民」協働の地域づくりの経緯

吉沢地区が「産官学民」協働で地域づくりを行うようになった背景には、デベロッパーでゆるぎ地区内に以前から土地を所有していた「産」のA社の存在が大きい。A社は平成19年に、新住民と地元住民である農業従事者が協働で農業を営むことをコンセプトとした、里山環境を考慮した新しいタイプの宅地開発を計画した。交流人口を軸に定住人口を獲得する、という考え方である。同じ頃、「民」である地元住民側も、農業従事者減少による里山の荒廃、ひいては吉沢地区の衰退化に対し危機感を抱きはじめた時期であり、A社の開発計画に賛同した。A社と利害が一致した地元住民側は、有志による「湘南ひらつか・ゆるぎ地区活性化に向けた協議会」（以下：協議会）を平成19年に立ち上げ、活動体制を整えた。

また、A社の開発計画に先立って行われた有識者を交えた勉強会に、東京農業大学から麻生恵先生らが参加し、「学」である東京農大が吉沢地区に関わるようになった。計画遂行に先立ち、まず開発者（A社）と地元住民が、吉沢地区・ゆるぎ地区の魅力をきちんと認識し共有することが大切であると麻生先生が主張した。そのことが美しい里山環境を維持することに繋がり、結果的に新住民にとっても魅力ある住宅環境を提供することになる、という訳である。この主張を受けて、ゆるぎ地区の魅力の認識・共有を主目的としたワークショップを平成20年に開催した。このワークショップは、A社・協議会（地元住民）・東京農大と、そして以前から開発実現に向け協議を続けていた「官」である平塚市と協働で実施された。つまりゆるぎ地区の魅力の認識・共有化が、「産官学民」協働の地域づくりがはじまったきっかけだった訳であり、以降、様々な活動がゆるぎ地区を中心に展開されて

写真1　吉沢八景の『里地』

写真2　「産官学民」協働の地域づくり

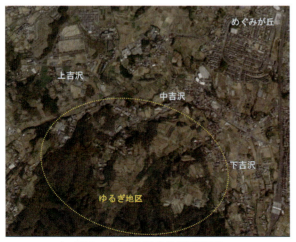
図1　吉沢地区全体航空写真

いくことになる。平成22年には正式に、「産官学民」四者連携協定が締結された。

しかし現在（平成28年9月）までの進捗状況を先に述べると、A社の開発計画は途中で頓挫してしまった。「産官学民」協働の地域づくりの取り組みは、交流人口から定住人口の獲得という当初の活動目標を失うことになる。しかしながら、計画が頓挫した現在も「産官学民」協働の地域づくりは継続しており、平成23年からは東海大学観光学部も参画するようになった。現在は交流人口の獲得を軸に様々な活路を模索している。

3．「産官学民」協働の地域づくりの運営体制
（1）「産官学民」の協議の場

四者連携協定締結を受け、東京農大が、同大の研究組織である総合研究所研究会に「地域再生研究部会」を新たに立ち上げた。この研究部会の中に、「産官学民」の各関係者が集まる定期的な協議の場として分科会を設立した。この分科会が、後述するワークショップやオープンカレッジの運営方針等を決める意志決定の場として、極めて重要な役割を果たすようになる。

（2）「産官学民」協働の地域づくりの下支え

この吉沢地区の活動事例において、A社の下請けである、建設コンサルタント会社のB社の存在も見逃せない。近年の建設コンサルタントは、建設設計や区画整理等ハード面のみならず、地域づくりやまちづくり等ソフト面の分野でも事業を拡大している。本事例においても、B社が日程調整や資料作成、円滑な合意形成のための舵取り役などを担うおかげで、後述する様々な取り組みが、高度なレベルで実現されてきた。

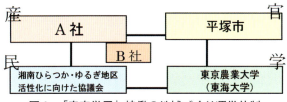

図2　「産官学民」協働の地域づくり運営体制

4．「産官学民」協働による主な取り組み

「産官学民」協働で様々な取り組みを行うにあたり、"ゆるぎ地区の活性化"の実現に向けた基本活動方針が、四者協議のもと、図3のように整理された。本章では、この活動方針に沿った、2つの取り組みについて紹介していく。

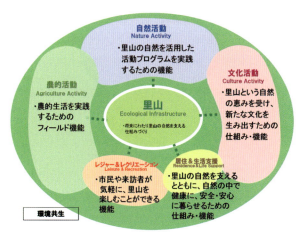

図3　湘南ひらつか・ゆるぎ地区の活性化に向けた基本活動方針

（1）ワークショップ

前述の平成20年のワークショップを第1回とし、平成28年9月時点で計28回ものワークショップが開催された。当初は、ゆるぎ地区内を散策し地区の魅力や課題について参加者同士で議論するディスカッション型のワークショップであった。それが徐々に、里山の下草刈りや散策路整備、里山の竹を用いた門松づくりなど、活動内容が基本活動方針に準じて多様化し、活動体験型のワークショップへと変化していった。これは、里山保全活動の上級者から子ども達まで、多様な人々が気軽に参加できるようにするための"しかけ"である。

また最近のワークショップでは、「ママの会」や「とれたてプラザ」等の地元住民団体の協力の下、吉沢地区産の農作物を使った料理を参加者全員で食べるのが定番で、参加者から好評を得ている。

以上のような工夫の甲斐あって、初期の参加者が50人前後であったのに対し、今では毎回参加者が100人を超す一大イベントへと成長していった。「産官学民」協働による取り組みの中でも、中核を成す活動になりつつあり、里山保全とレクリエーションを両立させながら、ゆるぎ地区の魅力の認識・共有化に貢献してきたといえよう。

（2）東京農大主催のオープンカレッジ

平成22年からは、農大主催のオープンカレッジを年一回催すようになった。これは、地元住民である協議会員が、A社やB社、東京農大のサポートを受けながら、来訪者である受講者にゆるぎ地区を案内する、という講座内容である。協議会員にとって、ワークショップが農大

生等の来訪者との協働作業であったのに対し、オープンカレッジでは、来訪者をもてなす立場である点に違いがある。協議会員がワークショップで認識したゆるぎ地区の魅力を来訪者に紹介することが主目的であるが、協議会員がその魅力を伝えるためのスキルを向上させるための機会としても、オープンカレッジは位置づけられている。

5．吉沢八景選定プロジェクト

「産官学民」協働の地域づくりが始まって6年が経ち、新規事業として平成26年から「吉沢八景選定プロジェクト」（以下：プロジェクト）が行われ、平成27年に吉沢八景が誕生した。

（1）プロジェクトを行うことになった経緯

このプロジェクトは、東京農大等からではなく、協議会の提案がきっかけで実施された。推察するに、それまでのワークショップでまずゆるぎ地区の魅力を認識し、オープンカレッジで来訪者にその魅力を紹介する、という一連の流れの中で、協議会サイドに、外部に目を向ける意識が醸成されてきたのではないか。それが、外部に魅力を発信するツールとして、「八景の選定」の提案に至ったと考えられる。尚、ゆるぎ八景ではなく吉沢八景になったのには、ゆるぎ地区のみでなく吉沢地区全体で、農業従事者だけでなく「めぐみが丘」等に居住する一般住民と一緒に、地域づくりを進めていこうというメッセージが内包されている。

協議会側の提案を受けて、分科会の中に麻生先生を委員長とする吉沢八景選考委員会を設けた。「産官学民」協働で、吉沢八景選定に向けた取り組みが始まった訳である。

（2）プロジェクトの特筆すべき点

近年、全国各地で市民公募型の八景や百景の選定事業が盛んに行われている。これには、市民や行政の景観に対する関心の高まりが背景にある。また、通常は行政主導で八景等の選定事業が実施されるのが一般的であり、選定の対象範囲は、都道府県もしくは市町村単位となるケースが多い。

しかし吉沢八景選定プロジェクトの場合、他事例と比較して、①住民主導で実施された、②対象範囲が小学校区単位（吉沢地区）と狭い、の2点が特筆すべき点として挙げられる。したがって、プロジェクトに参加した地元住民にとっては、なじみ深く見慣れた風景、つまり生活景から八景を選ぶことになる。最近の他の「八景の選定」が名所のみを選ぶ傾向があることを鑑みると、吉沢八景の特徴は、中国の瀟湘八景など何気ない風景（生活景）を愛でる手だてとして生み出された元来の八景の考え方に近似している。

（3）プロジェクトの応募段階

本プロジェクトでは、吉沢地区に居住する地元住民、地区外から来た来訪者の両者から、八景に推薦したい景観を募り、計348件もの応募を集めた。中でも、協議会側からの協力要請のおかげで、地元小・中学校の児童・生徒（以下；子ども達）からの応募が計258件と際立っていた。

筆者は卒論で、その子ども達の応募景観と推薦理由を対象に、「どのような景観をどのような認識のもと応募したのか」、を分析してみた（**表1**）。応募の多かった景観は、赤い屋根が特徴で子ども達が通っている（通っていた）「小学校」、見られる時期が限定的な「桜」「富士山」、吉沢地区のシンボルとして知られる「霧降りの滝」が中心で、子ども達は生活景の中で、特徴的・象徴的な景観を八景として選ぶ傾向が示唆された（**表1**；表頭）。

一方、吉沢地区内に多く点在する農地やゆるぎ地区の里山に因んだ景観の応募は皆無に等しく、子ども達の里山に対する関心が相対的に低いことが示唆された。反対に、協議会員の同景観に対する評価は高く、地元住民の属性ごとに生活景の選好特性が異なることが明らかになった。

子ども達の推薦理由の記述からは（**表1**；表側）、「きれい」等の記述が最も多かった（「A1 審美」）が、「ほっとする」や「頑張ろうと思う」など、応募景観から精神的利益を享受するような記述も目立っていた（「B 心象」）。また、今後見込まれる来訪者に対しておすすめの景観や場所を紹介する記述もみられた（「C 地域紹介」）。これは、子ども達の間でも外部に目を向ける意識が、「八景の選定」によって啓発されたと考えることができる。

応募景観と推薦理由の関係では、「小学校」に対し精神的利益の享受が伺える記述が目立ち、「小学校」の景観的重要性が伺えた。

以上の調査から、子ども達の生活景に対する様々な認識が明らかになった。逆に言うと、"探す・選ぶ"等の能動的行為を求める「八景の選定」の応募段階が、このよ

うな認識をする機会を与えた、と捉えることもできる。このことは、「八景の選定」の一つの大きな効果であると考えている。

（4）プロジェクトの選定段階

集まった応募景観から、選考委員会によって吉沢八景が選ばれた。この際、単に応募数の多かった上位8つの応募景観を八景にせず、場所や意味が似通った応募景観同士を統合する形で、八景が選定された。すなわち、「地域の選りすぐりの精鋭を八つ選ぶ」のではなく、「地域の魅力を八つに反映させた」意味合いの強い八景となった訳である。

（5）プロジェクトの公表段階

吉沢八景は、平成27年11月に公表され、公表資料が地区内外に配布された。筆者は、その公表資料を見た地元住民と来訪者を対象にアンケート調査を実施し、「八景の選定」前後の吉沢地区に対する認識の変化を探った。結果、地域住民は6割、来訪者は9割の割合で、吉沢八景が選定されて吉沢地区に対する評価や愛着が高まった、と回答した。その理由を尋ねたところ、地域住民にとっては、「よく行く、よく知っている場所」、すなわち自身の生活景が八景に選定されたことで評価や愛着が高まる傾向にあることが伺えた（表2）。このことは、狭小単位で「八景の選定」を行うことと、前述の「地域の魅力を八つに反映させた」ことの大きな利点であることが考えられる。その他にも、"探す・選ぶ"という能動的行為を伴うプロジェクトに応募した人、八景を実際に訪れて見た人ほど、評価や愛着が高まる傾向にあることが伺えた。

6．活動の成果と意義

（1）地元住民のゆるぎ地区及び吉沢地区に対する認識の変化

以上本稿では、「産官学民」協働による地域づくりの始まりから、吉沢八景までの事例を紹介してきた。地域

表1　子ども達の応募景観とその推薦理由（景観認識タイプ）の関係性

※1つの応募景観から複数のシーン景観の視対象、1つの推薦理由から複数の景観認識タイプが抽出されたため、それぞれを別個に集計した。

表2　吉沢八景選定を受け吉沢地区に対する評価/愛着が「高まった」と回答した人の、その理由（複数回答）

理由	地域住民	来訪者
八景が選定されたことで、吉沢地区を誇りに思えるようになったから	18 (30.5%)	26 (45.6%)
自分が八景だと思う場所が選ばれたから	13 (22.0%)	3 (5.3%)
よく行く、よく知っている場所が八景に選ばれたから	31 (52.5%)	6 (10.5%)
吉沢八景選定プロジェクトに参加したから	5 (8.5%)	10 (17.5%)
実際に今日いくつかの八景をみたから	―	33 (57.9%)
分からない	6 (10.2%)	3 (5.3%)
	n=59	n=57

写真3　吉沢八景『吉沢小学校』　　写真4　吉沢八景『霧降りの滝』

の主体者である地元住民は、この一連の流れで、まず里山の魅力を（再）認識し、その魅力を外部に発信する機会を与えられたことで、外部に目を向ける意識が醸成されて吉沢八景の選定に繋がったと考えられる。

まだ吉沢八景が選定されて間もないが、吉沢八景がきっかけとなり、それまでのゆるぎ地区の里山中心の活動範囲が、里地も含めた吉沢地区全体に拡大してきた。また活動範囲のみならず、活動主体も、地元小・中学校の子ども達や一般住民が関わりはじめ、地元住民側に一体感が生まれてきたと筆者は実感している。

景観の観点から吉沢八景の効果を述べると、吉沢八景を軸とした具体的な景観保全活動を計画するようになったこと、ひいては景観保全に対する意識が高まったことが挙げられる。現在、各景の視点場周辺の環境整備として下草刈りやベンチの設置を計画している。子ども達の景観的重要性が伺えた小学校では、八景の選定を受け、色あせた赤い屋根を塗装し直すことが検討され始めた。

また、吉沢八景の選定を受けてますます外部に目を向ける意識が高まったことも見逃せない。どのように吉沢八景を発信し、来訪者をもてなすのか、「産官学民」の協議の中で熱い議論が繰り広げられるようになった。そこで新たに散策路マップと説明板を製作することが決まり、平成28年から東京農大と東海大の学生の合同チームが中心となって製作作業に取り組み始めた。このように「産官学民」協働の強みを生かして、吉沢八景の魅力を磨き上げていく段階に差し掛かった訳である。

（2）「産官学民」協働の地域づくりの意義

ここでは、住民参加型の地域づくりの分野に参画することが比較的稀である「学」と「産」の視点から、筆者の考えを述べていくこととする。

まず「学」である東京農大や東海大においては、やはり里山保全や景観計画、地域づくりなどに関する専門的知見を提供する役割が大きい。しかし、外部者である学生を地域づくりに参画させることも、外部の視点を取り入れる・諸活動の動力源になり得るという意味で、重要な役割の一つである。またこのことは「学」にとって、研究・教育フィールドを得るという観点から、大きな利点にもなっている。東京農大の自然環境保全学研究室では、平成27年度にワークショップで開催する活動を企画するゼミを行い、幾つかの企画が平成28年度のワークショップにおいて実現された。学生が提案した企画が実際に採用されることは、「実学主義」に沿った計画学演習の理想型として、教育効果が高いと思われる。また同じ頃、ゆるぎ地区内を定期的に散策する平塚市街部の保育園の園庭に、ゆるぎ地区の植物を活用したビオトープを造成する活動が始まった（写真4）。普段の生活環境と里地里山との結びつきを深めることを目的としている。これは、前述の子ども達の里山に対する関心の低さが伺えた調査結果に通ずるもので、環境教育にまで研究分野が拡大してきた訳である。

そして「産」であるA社は、元々計画の推進主体者である立場から、コンサル業務を務めるB社を委託する、活動場所や必要資材を提供するなど、本事例において極めて重要な役割を担ってきた。近年、A社のように企業が住民参加型の地域づくりに関わるケースが増えつつある。ケースごとに経緯や目的に違いがあれど、やはり企業が関わることで経済面の恩恵が大きく、吉沢地区のように様々な取り組みが行えるようになる。今日、環境保全に取り組む企業に対してCSR等で社会的に評価するしくみが用意されているが、地域づくりに関わる企業に対しても同様のしくみを整備する必要があるのではないか。

しかしただ社会的に評価されるだけでなく、やはりその参画企業に利益が生まれる、企業と地域がwin-winの関係になるようなしくみを考えることが大切である。吉沢地区の場合、A社がデベロッパーとしていかに利益を

獲得するかが鍵となる。当初のA社の宅地開発計画が頓挫した背景には、吉沢地区が都市計画法の市街化調整区域に指定されていることが大きい。従来、開発による里山の消失を防ぐために市街化調整区域は機能してきたが、農村部での人口減少が著しい今日、問題は里山の消失ではなく荒廃である。今やボランティアによる里山保全活動も持続性に疑問が生じており、これまで対立概念として捉えてきた"開発"について、地域の担い手の確保という観点から見直す時期に差し掛かっているのではないか。これは文化的景観の動態保全の考え方に通ずるもので、人々の生業によって維持されてきた里山にとって、何を守るべきで、許容されうる変化とは何か、関係する者全員で議論を深めなければならない。この点において、デベロッパーが関わり且つ「産官学民」協働で取り組む吉沢地区の事例は示唆的である。"守るべきもの"は、吉沢八景までの取り組みを通して明らかにされてきただろう。吉沢地区の将来のための"許容されうる変化"についても、変化を業とする「産」、公平性を担保する「官」、客観性を担保する「学」、そして地域の主体者である「民」が議論を重ねる場がきちんと整備されてきたので、全員が納得いく答えを見つけることは十分可能なはずである。円滑な合意形成を図る機会を設けることに、地域づくりにおける「産官学民」協働の本当の意義があると筆者は考えている。

写真5　園庭でのビオトープ造成作業

写真6　吉沢八景『ゆるぎの丘』

●●●【麻生先生コラム】●●●

　2007（平成19）年に、藤沢市のまちづくり計画などで親しくしていた柳沢厚先生（都市計画の専門家）から平塚市吉沢地区の里山を活かしたまちづくり計画について勉強会をスタートさせるので参加して欲しいとの依頼を受けた。1970年代にデベロッパーA社が取得した里山について、新しい時代のニーズにもとづき、移り住んできた住民が地域の方々や関係機関と協働して里山の管理をするというコンセプトを中心に、環境共生型住宅開発の可能性について議論した。そして、先ずは関係者によるワークショップを開催しながら、少しずつ進めていこうということになった。一方、農大の産学連携機関である総研研究会に「地域再生研究部会」を設置し、その活動の一つとして平塚市との連携活動を位置づけるとともに、産官学民の四者連携協定を締結して活動を進めることにした。地域再生研究部会では「地域再生フォーラム」を開催して、連携型の地域づくりについて議論を重ねたほか、地元農家による学生の農業体験指導、収穫祭での農産物の販売、大学院の計画演習実施（2回）、吉沢八景選定プロジェクトなど、学生達が地域づくりを学ぶための格好のフィールドとなっていった。10年間にわたる交流で蓄積されたノウハウを活かして今後「学び」をテーマとした地域づくりが展開されることを期待している。

5−1. 世界最高峰の環境調査最前線
—エベレスト・ローツェ環境登山隊の活動から—

東京農業大学短期大学部環境緑地学科

下嶋　聖

1. はじめに

1−1　エベレスト・ローツェ環境登山隊の結成

2003年春、東京農業大学山岳部と東京農業大学山岳会（山岳部のOG・OB会）は、創部80周年を記念して、エベレスト・ローツェ環境登山隊を結成した（図1）。世界最高峰エベレスト（8,848m）およびそれに隣接する世界第4位の高峰ローツェ（8,516m）に登山隊を派遣し、同一シーズン（プレモンスーン季）内の両峰連続登頂に成功した。また、現役学生隊員として参加していた山村武史氏（当時20歳、国際農業開発学科2年）は、エベレスト登頂日本人最年少記録（当時）を樹立した。

登山活動に加え、隊の名前にもあるように、農大らしい環境活動として、環境に配慮した実践活動（環境実践活動）とエベレストの環境実態調査を行った。環境実践活動では、上部キャンプから自分たちの排泄物をベースキャンプまで下ろしたり、エベレスト・ベースキャンプ（以降、エベレストBCとする）で生じる生活雑排水をろ過してから排出したりするなど、環境に負荷を与えない新しい登山スタイルの提案を行った。一方、環境実態調査では、測量調査を実施し、世界初となるエベレストBCの測量地図を作成し、詳細な利用実態を把握した[1]。

ここでは、いまから14年前に風景研のメンバーが、総力を挙げて力を結集したプロジェクトを記したいと思う。

1−2　なぜエベレストに行くことになったのか？

風景研とエベレスト・ローツェ環境登山隊との関わりは、麻生先生が山岳部長を務めていたからであった。かねてより山岳部及び山岳会ではヒマラヤ登山計画が持ち上がっており、世界最高峰を目指すことが決まった。

筆者がなぜエベレスト・ローツェ環境登山隊に参加したのか、その経緯は次の通りである。修士課程2年次（2002年）の秋に、上記の話が麻生先生から聞かされたのがきっかけであった。環境活動や調査も実施することとなり、エベレストBCまで往復してくる環境調査隊が組織され、現役学生の参加を募る必要が出てきた。参加費はかかるが、内容を考えればお金には換えられない価値があり、またとないチャンスであった。いの一番、手を挙げていた。年末になり、やはりベースキャンプマネージャーを置く必要があるとのことで、ちょうど大学院博士後期課程への進学を決めていた筆者が、まわりめぐりベースキャンプマネージャーを仰せつかった。誠に幸運が重なった。

元来山好きだったため、なんとなく「ヒマラヤ」には興味を持っていた。また当時、エベレストは汚れているとのことを雑誌など様々なメディアを通じて聞いていた。頂上にはさすがに登れないが、本当にエベレストは汚れているのか、この目で確かめたい気持ちが高まっていた。

それから2ヶ月間、山岳会メンバーとの会議に参加しながら、スポンサー回りや関係者への挨拶回りなどをこなし、慌ただしく準備をし、2003年3月12日朝羽田を出発し、関西国際空港からロイヤルネパール航空に乗り換え、ネパール・カトマンズへ向かった。このとき環境調査隊には麻生先生を隊長とし、筆者を含め現役学生7名

図1　エベレスト・ローツェ環境登山隊

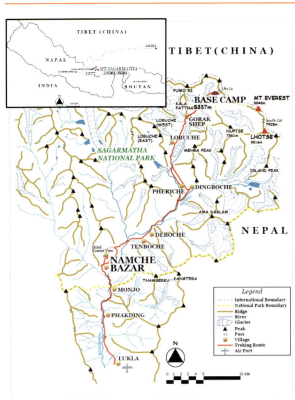

図2　エベレスト位置図（作図：山崎　人詩氏）

写真1　エベレスト（カラパタールより望む）

が同行した。その中には、風景研のOGである雨宮紀子さんと後輩である恵谷浩子さん（当時2年生）も参加した。

2．エベレストとは
2－1　エベレストの位置

エベレストはネパールと中国（チベット）との国境にある。メインとなる登山口はネパール側とチベット（中国）側の2箇所である。今回の登山はネパール側から入山した。エベレストは北東部ソロ・クーンブ地方に位置する。地域一帯はサガルマータ国立公園に指定されており、1979年世界自然遺産にも登録されている。ソロ・クーンブ地方にはシェルパ族が暮らしており、チベット文化圏である。

エベレストBCまでの交通手段は、徒歩しかない。ネパールの首都カトマンズから小型飛行機で40分、トレッキングのスタート地点であるルクラからエベレストBCまでは距離約50km、標高差2,500mあり、エベレスト街道とよばれる世界屈指のトレッキングルートを8-10日かけて登る。

エベレストの呼び名は国（地域）ごとに異なる。英語名はエベレストであるが、中国名ではチョモランマと呼び、ネパール側では、サガルマータと呼ぶ。また登山シーズンはプレモンスーン季（4-5月）とポストモンスーン季（9-10月）の2回である。

2－2　エベレスト登山と登頂者数

エベレストの初登頂は、周知の通り1953年にイギリス隊のテンジン・ノルゲイとヒラリーが成し遂げた。それ以降、一時期登山許可が下りなかった年もあったが、この世界最高峰に世界中の登山者が目指すようになる。図3は、ネパール側のみのエベレスト登頂者数推移である。2016年までの合計登頂者数は、5,358人である[2)3)]。初登頂から50年目であった2003年までの登頂者の合計数は、1,163名であったのに対し、2004年から2016年までの15年間では、3,214名に上る。ここ十数年特に登山者が急増しているのが分かる。なお2015年は、0となっているが、これはネパール地震が発生し、エベレストBCでも大規模な雪崩が発生し、多くの犠牲者が出たことで、こ

図3　エベレスト登頂者数推移（ネパール側のみ）
出典）MOUNTAINEERING IN NEPAL FACTS AND FIGURES, Government of Nepal, Ministry of Culture, Tourism & Civil Aviation, Department of Tourism[2)3)]

の年の登山活動は中止となったためである。

2．エベレスト環境史

エベレストにおける登山史については、多くの文献[4]があるため、ここでは登山期を探検期、挑戦期、大衆期に分けたのち10年ごとの変化について、環境・国際協力に絞って論ずる。

かつて、エベレスト（サガルマータ）への入山口にあたるジリにて、1958年にスイスSwiss Association for Technical Assistance in Nepal（SATA）が畜産効率を上げるための牧草地改善と牧畜産業に関する協力を開始している。SATAは、1948年スイス政府がネパール政府より技術的協力を求められ、1955年に非営利団体として設立された組織である。

1960年代クーンブ地方では、エベレスト初登頂者であるヒラリーの働きかけで、小学校の建設やエベレスト街道沿いの吊り橋の架橋などが行われた。また、70年代には病院、高等学校が建設された。これらヒラリーらの一連の支援は、ニュージーランド政府によるODAにつながる。ニュージーランド政府が国立公園設置に関して協力・支援し、1976年にサガルマータ国立公園が開設された。その後1979年にサガルマータ国立公園は、世界遺産（自然遺産）として登録された。

1970年代に入り、イギリス人登山家ジェームス・ロバーツ氏によりネパールにおけるトレッキング旅行がアメリカやヨーロッパなどで紹介され、トレッキングが盛んになり始めていた。一方、クーンブ地方は観光開発がまだ黎明期であった。その中で、1972年宮原巍氏らがシャンボチェにてホテル・エベレスト・ビューの建設を開始し、ソロ・クーンブ地方で最初とも言える地域に根ざした観光開発を行った。

その後、1980年後半より、1988年オーストリアの協力を得て、ナムチェバザールより北西約7kmに位置するターメに発電所の建設が始まる。途中洪水の被害に遭ったが、1995年に完成した。1994年にはKBC（Khumbu Bijuli（Power）Company）が設立されたことにより、オーストリア政府から地元住民による管理に移行した。

1990年代には、The World Wildlife Fund Nepal ProgramのサポートをうけSPCC（Sagarmatha Pollution Control Committee）が設立される。以後、地域住民であるシェルパ族が主体となってサガルマータ国立公園内の環境保全活動が盛んになる。1993年よりHAT-J（Himalaya Adventure Trust of Japan）の活動で、エベレスト街道沿いのChheplungにてリンゴ園を開設した。また、エベレスト街道沿いから出るゴミの処理問題解決のため、ルクラに焼却炉を設置した。

2000年代前後は、政情不安定に見舞われる。1996年よりネパール国内で活発化したマオイストの活動（王制から民主化を求める運動）を受け、一時国際協力も停滞し、観光客数も落ち込んだ。2008年4月に連邦民主共和制に移行し、王制は廃止された。2006年に政府とマオイストの停戦以降、観光業は回復し傾向にある。

3．エベレスト・ローツェ環境登山隊の活動

ここでは、登山隊及び環境調査隊が行った環境活動について述べる（図5）。

3－1　環境実践活動
1）携帯トイレの使用

エベレスト登山において、エベレストBC（標高約

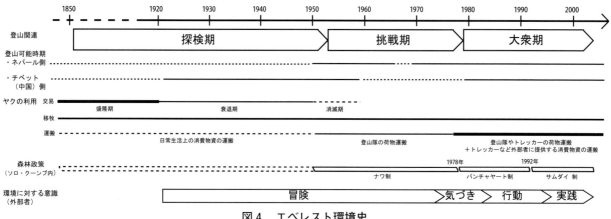

図4　エベレスト環境史

図5　取り組んだ環境実践活動

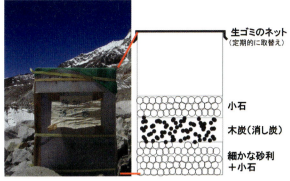

図6　大型ろ過装置の仕組み

5,300m）より上部キャンプで排出された糞便は、氷河へたれ流し状態である。世界初女性エベレスト登頂者である田部井淳子氏の指摘によると、これまでのエベレスト登山活動において104万リットルものし尿が排出されたのと試算が出されている[5]。周辺の水環境への影響が指摘されている。

農大隊では、上部キャンプでの活動中トイレをする際、携帯用トイレを使用し糞便をすべてBCまで下ろした。登山期間であった3/26〜5/26の間に9人の登攀隊メンバーが下した大便の量は、合計33.5kgであった。この活動は、国内外から高く評価された[6]。

2）ろ過装置を用いた生活排水の処理

エベレスト登山活動の拠点となるベースキャンプでは、長期滞在するため生活排水が大量に排出される。汚水が氷河に浸透し、ベースキャンプおよび下流域の水系の影響を及ぼしていると考えられる。そこで農大隊では、ベースキャンプ滞在中、食事に伴いキッチンから大量に排出される汚水を、ろ過処理を行い排水した。外装は、運搬に使用したプラパール（プラスチック製段ボール）を改良した。ろ過材は、現地で調達できるものを使用し、木炭（消し炭）だけは日本から持ち込んだ（図6）。

3）クリーンエネルギーの使用

石油燃料削減のため、ソーラークッカーを使用した。ソーラークッカーとは、いわば太陽光の集光器であり、集められた太陽熱を用いて調理やお湯を沸かしたりすることができる（写真2）。

電池使用削減のため、携帯用太陽発電器を各隊員に配備し、トレッキング中、ベースキャンプ滞在中使用した。また、BC滞在中は、大型ソーラーパネルを使用し、化石燃料使用削減に努めた。現地は空が澄んでいるため発電効率もよくその能力を発揮した（図5）。

3－2　環境調査活動

ここでは特にエベレストBCにおいて行った調査を記する。

1）エベレストBC測量調査

写真3は2003年春のエベレストBCの様子である。これを見ると、大変混雑した様子がわかる。このベースキャンプ内に存在する一つ一つのテントの位置や詳細な地形を把握するため、測量調査を行い、地図作成を行った。測量方法は、コンパス測量を採った。観測方法は、BC内に基準点を置き三角測量を行って地形及びBCの範囲を決定した。河川やテント等の地物については、放射法を用いて位置を取得した。

図化に当たっては、山岳部OBでエベレスト・ローツェ環境登山隊実行委員を務めた宮崎絋一氏の全面的協力の

写真2　BCで使用したソーラークッカー

写真3　エベレストBC（2003年4月24日撮影）

図6　実施した環境調査

下、測量専門ソフト（Wing neo：アイサンテクノロジー株式会社）を使用した。

2）各隊への環境対策アンケート調査

エベレストBCおいて、各隊への環境対策アンケートを実施した。実施方法、一隊一隊に対してヒアリングを行った。内容は、隊の人数、規模、荷の量（持ち込み量、持ち帰る量）、環境対策、荷物運搬に使用したヤクの頭数について聞いた。使用されたヤクの頭数について、2003年春の場合では、のべ2,300頭を超えるヤクが運搬に使用された。これらのヤクからは莫大な量の糞尿が排出され、大きな汚染源の一つであると考えられる。

3）水質調査

トレッキングルート上の主な集落の水場と、エベレストBCにおいては、採水場、汚水が流入すると思われる地点の水を採取し、パックテストと呼ばれる比色法による水質調査を行った。

エベレストBCにて、特に汚染がひどかったのは、農大隊のそばにあった氷河上の池であり、COD値が100を示した（図8）。相対的に地形が低く、大きなくぼみをもつことから、汚染水が集水され、汚染度合いが高くなったと考えられる[7]。エベレストBCでは、氷河上の池から採水した水を一旦煮沸して、飲料水にしたり、調理に利用したりする。

しかし、今回の結果から水源自体が汚染されていることがわかった。その汚水源として、トイレからのし尿だけでなく、各隊のキッチンから出る排水やシャワーや洗濯などの排水などの要素も大きいことがいえる。

3-3　情報活動

活動期間中、衛星通信を介して、リアルタイムに近い状況で農大のホームページ上に情報提供を行った。多くの反響を頂き、今回の活動において目玉の一つとなった。

ベースキャンプから届いたメールをHPにアップする作業を担ってくれたのは、当時研究室の後輩であった宮崎政雄氏と山崎人詩氏であった。特にローツェ及びエベレスト登頂前夜は彼らも終夜し臨戦態勢で通信対応に従事し、精力的にサポートしてくれた。

4．エベレストはどのくらい汚れているのか？

4-1　エベレストBCの汚染メカニズム

エベレストを目指す登山隊は、高所順応と荷揚げを繰り返し行うため、約2か月間エベレストBCに滞在することになる。その間、各登山隊のベースキャンプからは大量の生活雑排水、尿が排出される。ただし大便に関し

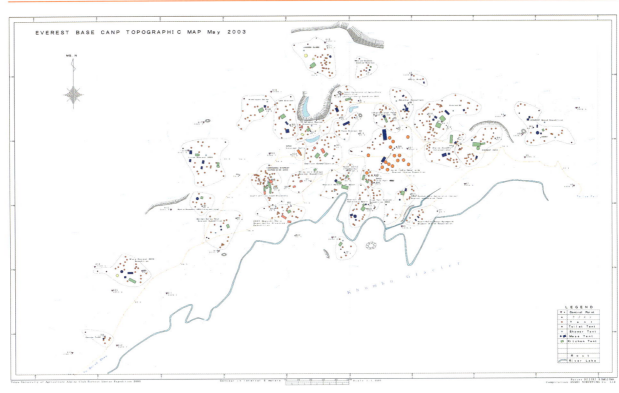

図7　エベレストBC測量成果（2003年プレ・モンスーン季）

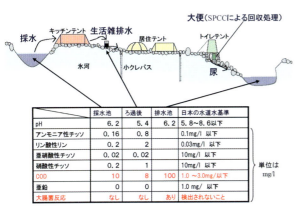

図8　水質調査の結果

写真4　BCにおける通信様子

ては、登山隊に対してSPCCに一定の料金を支払い回収することが義務付けられている。そのため、大便だけは直接エベレストBCには排出・残置されない。

　1990年代に商業登山（高所登山ガイド業請負）が登場し、エベレストの登山者が急増した。極地であるはずのBCにおいて、滞在中の生活の質を上げようと椅子やらベッドやら、シャワーまで持ち込もうとする。BCまでの運搬方法は、基本的には陸路しかない。その結果、物資運搬のため氷河上のBCに大量のヤクが入り込むようになる。荷下ろし中、ヤクからは大量の糞尿が放出される。

　エベレストBCより下界では、ヤクの糞は乾燥させ、燃料として活用する。しかしBCで排出されたヤク糞については、文化習慣上あるいは宗教上の理由から回収されることはなく、残置される。放出されたヤクの尿は直接氷河の中に流れ込む。一方、残置されたヤク糞は降雪雨により溶け出し、氷河の中に流れ込む。エベレストBCにおける水環境の深刻さを明らかにすることができた。

4-2　原単位法を用いた環境負荷量の推定

　各調査の結果から、ベースキャンプにおける原単位法を用いた汚濁負荷量の推定を行った（図10）。なお汚濁負荷量は、登山者から排出される「尿」「大便」「生活雑排

図9　エベレストBCにおける汚染メカニズム

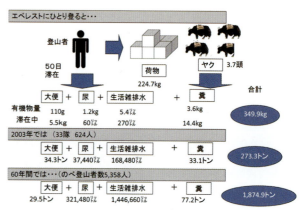

図10　原単位法による汚濁負荷量の算出

水」とヤクやゾッキョなどから排出される「糞」の量を合算した。

1）登山者一人あたりの汚濁負荷量

登山者一人が1日あたり排出する大便は110g、尿は、1.2ℓ、生活雑排水は5.4ℓである[8]。ベースキャンプの平均滞在日数は、約50日であるため、ベースキャンプ滞在中、排出される大便は5.5kg、尿は60ℓ、生活雑排水は270ℓである。

一方、登山者一人あたり持ち込まれる荷物は、平均224.7kgであり、運搬に使用されるヤクは3.7頭である。ヤクも荷下ろしの際ベースキャンプに滞在する。1日あたり排出される糞は3.6kg/頭である[9]。一人分の荷物を運び上げると14.4kgの糞尿が排出される。以上のことから、登山者一人あたりの汚濁負荷量は349.9kgと推計された。

2）2003年に排出された汚濁負荷量の推定

調査を行った2003年では、ベースキャンプに624人の登山者が訪れている。一人あたりの大便、尿、生活雑排水について、登山者のべ人数を乗じると、年間34.3tの大便、37.4tの尿、168,480ℓの生活雑排水がベースキャンプ上に排出された。荷物の運搬に使用されたヤクはのべ2,300頭であるため、総量で33.1tの糞が排出された試算となる。したがって、2003年に排出された汚濁負荷量の総量は、273.3tと推計された。

3）過去60年間に排出された汚濁負荷量の推定

エベレスト初登頂以来、この60年間のネパール側ののべ登頂者数は、5,358人である。一人あたりの尿、大便、生活雑排水について、のべ登頂者数を乗じると、過去60年間で29.5tの大便、321,480ℓの尿、1,446,660ℓの生活雑排水がベースキャンプに排出されたことになる。のべ登頂者数に登山者一人あたりの荷物運搬に使用されるヤクの頭数と1日あたり排出される糞量を乗じると、77.2tの糞が排出される試算となる。したがって、過去60年間においてベースキャンプに排出された汚濁負荷量は、1,874.9tと推定される[10]。

5．さいごに

エベレスト、その名は誰もが知っている世界で最も高い山である。世界最高峰が持つその魅力は、世界中の登山者を引きつけて止まない。今後も多くの登山者が登頂を目指すであろう。エベレストにおける環境問題の解決には、BCにおける環境収容力の算定、水環境を配慮した有機物の排出方法のルール化など、具体の解決策を提示することが喫緊の課題である。

このエベレスト・ローツェ環境登山隊に参加したことは、人生における第二の転換点であった。今にして思えば、師匠である麻生先生からあれこれ指示がでず、自由にやらせてもらったことが大変良かった。状況も場所も追い込まれた環境下に自ら進んで晒したことで、おぼろげながらも自分の研究スタイルが確立した感触を得ることができた。

フィールド調査では、準備がすべてである。2003年春季のBCのデータは、その時しか得ることができない。フィールド調査には時間軸を持つがための不可逆性、再現性の難しさを理解し、チャンスを掴めるよう準備態勢を整えておくことが大切である。このことは、13年後の2016年に実施したマナスル環境学術調査隊の機会を得る

ときに大いに生かされた。「答えは、フィールドに必ずある」をモットーに、受け継いだバトンを次世代に伝えていきたい。

文　献

1 ）東京農業大学エベレスト・ローツェ登山実行委員会（2007）：東京農業大学エベレスト・ローツェ環境登山隊2003：東京農業大学山岳会
2 ）Nepal Mountaineering Association（2003）：Nepal Parbat 4（9），99-103
3 ）MOUNTAINEERING IN NEPAL FACTS AND FIGURES, Government of Nepal, Ministry of Culture, Tourism & Civil Aviation, Department of Tourism
4 ）深田久弥（1969）第二版　ヒマラヤ登攀史：岩波書店
5 ）田部井淳子（2002）：エヴェレスト山中に残されたゴミとし尿：C&G（廃棄物学会）6，28-31
6 ）梅棹忠夫・山本紀夫（2004）：山の世界：岩波書店，p325
7 ）Hijiri SHIMOJIMA（2004）：2003 Everest-Lhotse Environment Expedition：JAPANESE ALPINE NEWS Vol.5，83-85
8 ）沖野外輝（1976）：富栄養化調査法：講談社，pp.128-129
9 ）ヤクの体重350kgとして肉用牛の糞量を参考
10）Hijiri SHIMOJIMA・Sawahiko SHIMADA・Mami IRIE・Megumi ASO（2016）：The environmental impact of mountaineering in the Mt.Everest region：The 8th Conference on Monitoring and Management of Visitors in Recreation and Protected Areas pp481-483

●●●【麻生先生コラム】●●●

　山好きの人間にとって、あこがれのヒマラヤで研究・教育活動が出来ることはこの上ない幸せである。下嶋聖先生のエベレスト環境登山隊での得意分野を活かした活動はまさにその典型例である。私の場合は、ブータンヒマラヤでのエコ・ツーリズム開発に向けた数回の活動、特にトレッキングマップの作成（ブータンでは軍事的な理由から等高線入りの地図は公開されていない）や資源の目玉となるブルーポピー（特に大型白花種メコノプシス・スペルバ）の分布状況と保護計画の取り組みなどが、心躍る取り組みであった。また、これらの活動を通して、ゴミ対策、トレッキングツアー会社スタッフの教育など、取り組むべき課題が山積していることが明らかになった。一方、日本の山岳で培った様々な環境技術をもつ社会人は少なくないと思われる。ボランティア活動としての地域貢献と、趣味やレクリエーションとしての登山活動を兼ね備えたスタディツアーのようなものが企画できないか思案中である。

編 集 後 記

　「僕たちの研究室は、いつもみんなで研究課題に向き合い、誰かが困っていたらみんなで助けた。これが僕の一番好きな研究室の形なんだ」これは麻生先生の口癖のひとつです。今回の本もみんなの成果でもあるからと、みんなで作ることをご提案いただき、一緒に作らせていただく事になりました。

　大学の先生が退職される際、多くの先生が研究の歩みを一冊の本にまとめ私達に残してくれます。それはまさに先生個人の歴史であると同時に、その分野の歴史でもあります。そんな大事な本を麻生先生は私達研究室の仲間と一緒に企画・刊行する機会を与えてくださいました。麻生先生から「僕の一番の成果は携わった地域の美しい風景づくりや、各フィールドで活躍する学生、卒業生一人ひとりの姿なんだよ」と言っていただけたようで、本当にうれしく、一生の宝物となりました。

　この本を手に取った皆さんにも、麻生先生の教育や研究への想いを知っていただき、地域づくり・里づくりに役立てていただければ幸いです。

　最後になりましたが、この本を発行するにあたり、ご寄稿いただいた皆様に心より御礼申し上げます。

（編集委員会一同）

著者紹介
麻生　　恵（あそう・めぐみ）
東京農業大学地域環境科学部造園科学科　教授

荒井　清児　1995年東京農業大学農学研究科造園学専攻修士課程修了
惠谷　浩子　2007年東京農業大学農学研究科造園学専攻修士課程修了　国立文化財機構奈良文化財研究所
木村　悦之　1977年東京農業大学造園学科卒業　東京農業大学非常勤講師
清田（上田）早織　2012年東京農業大学農学研究科造園学専攻修士課程修了　株式会社東京ランドスケープ研究所
栗田　和弥　1994年東京農業大学農学研究科造園学専攻修士課程修了　東京農業大学助教
小島　周作　2016年東京農業大学大学院造園学専攻修士課程1年
下嶋　　聖　2006年東京農業大学農学研究科造園学専攻博士後期課程修了　東京農業大学助教
町田　怜子　2005年東京農業大学農学研究科造園学専攻博士後期課程修了　東京農業大学助教
水野　和浩　1998年東京農業大学農学研究科造園学専攻修士課程修了　神奈川県臨時技師
宮崎　政雄　2004年東京農業大学農学研究科造園学専攻修士課程修了　大阪府
山本　　亮　2009年東京農業大学地域環境科学部造園科学科卒業　輪島市地域おこし協力隊
矢野加奈子　2008年東京農業大学農学研究科造園学専攻修士課程修了　東京農業大学学術研究員

（五十音順）

年表作成
サカール（吉田）祥子　2004年東京農業大学農学研究科造園学専攻修士課程修了　NPO法人のらんど

表紙タイトル文字
本口（高梨）夏美　2007年東京農業大学地域環境科学部造園科学科卒業

表紙写真・デザイン
地主　恵亮　フリーライター・写真家

学びのフィールドとしての美しい地域づくり・里づくり

2017（平成29）年3月12日　初版第1刷発行

編著者　麻　生　恵
発　行　一般社団法人東京農業大学出版会
　　　　代表理事　進士　五十八
　　　　住所　〒156-8502　東京都世田谷区桜丘1-1-1
　　　　Tel. 03-5477-2666　Fax. 03-5477-2747

Ⓒ麻生　恵　印刷／共立印刷株式会社　202017そ
ISBN978-4-88694-471-9　C3061　￥1500E